PA入門 [三訂版]

基礎が身に付くPAの教科書

著 小瀬高夫＋須藤 浩

Rittor Music

●はじめに

「おはようございます」

　たくさんのPAの解説書の中から、この『PA入門』を選んでいただきましてありがとうございます。この本を執筆するにあたり、すべてと言っていいほどのPAに関する本を読ませていただきました。そして諸先輩方のように上手に書けるのかどうか、とても不安になりました。しかし、悩むよりも私のPA30年以上、専門学校の講師20年以上の経験に基づいて、どの本よりも分かりやすく書こうと思いました。これからPAマンを志す人はもちろん、ミュージシャン、レコーディング・エンジニア、プロデューサー、マニピュレーター、楽器テクニシャン等々の方々にも読んでいただき、PAとは？　どんなもんなんだ？　ということを知っていただければうれしい限りです。

　とにかく分かりやすく、やさしく、とっつきやすくを目標として書きましたので、専門家の方々からすると、この表現はおかしいとか、理論的に矛盾を感じるとご指摘されはしないかと不安はあります。しかし『PA入門』のタイトル通り、その点はご容赦願いたいと思う次第です。

　執筆に当たり、たくさんの音響学、振動学、電気理論、楽器音響学等々の本を参考にさせていただき本当に感謝し、お礼申しあげます。

　本書を読んだ読者と、いつの日か現場でいっしょに仕事ができることを期待しています。

＊

　2005年5月に初版本が出版されてからはや14年が過ぎました。PA機材の進歩はデジタルの波に乗ってどんどん新しくなっています。それに合わせて今回三訂版を書きました。PAデジタル機材は進歩していますが、基本のアナログの理論や基礎技術は変わりません。この本でしっかり勉強してください。

小瀬高夫

CONTENTS

基礎知識編

PART 1 | 音について

01	PAとはどんな仕事か？	008
02	音はなぜ聞こえるのか？	011
03	音波の伝播	012
04	同じ音場、別の音場	013
05	音の伝わる速さはどれくらい？	015
06	周波数は振動の回数	018
07	可聴限界周波数	019
08	波の長さのことを波長と呼ぶ	021
09	振幅は波の大きさを表す	023
10	音色／音質の意味	024
11	音波の性質	027
12	音圧・音圧レベル・音量	034
13	騒音の定義	036
14	NC値（Noise Criteria Curves）とは？	038
15	音響心理について	039

PART 2 | 電気の基礎

01	電気について	048
02	オームの法則	049
03	電圧や抵抗の接続	054
04	アースについて	062

PART 3 | 電気音響機器

01	音響的振動と電気回路	068
02	マイクロフォン	069
03	スピーカー	078
04	コンソール	090
05	エフェクター	098
06	パワー・アンプ	109
07	DI	113
08	機器のスペック	115

PART 4 | ケーブルと端子

01	マイク・ケーブル	118
02	スピーカー・ケーブル	120
03	マルチケーブル	121
04	変換ケーブル	122
05	電源ケーブル	123

応用実践編

PART 1 | システムの実際

01	簡易PA（店頭・会議室程度のシステム）	126
02	ライブ・ハウス、小中ホール	129
03	スタンディング・タイプのライブ・スペース	134
04	ライブ・レストラン	139
05	アリーナ／ドーム／野外／シアター	141
06	ネットワーク構築／無線LANを使った調整及び管理	146
07	芝居／ミュージカルなどの効果音と音楽の音出し	150
08	簡易レコーディング／マルチレコーディング	152

PART 2 | PA関係図表類

01	回線表／香盤表	156
02	仕込み図／セッティング図	158
03	ホール打ち合わせ表	161
04	機材リスト	163

PART 3 | 機器の接続と設置

01	各機器の接続に関するノウハウ	165
02	機材のセッティング	171

PART 4 | 現場で役立つ知識

01	ハウリング対策	184
02	モニター・エンジニアの重要性	189
03	PAマンの1日	195

APPENDIX
PA用語集　205

※本書掲載の製品写真は、現場で多用されていることなどを考慮して、あえて現行製品ではないものを掲載している場合がございます。あらかじめご了承ください。

基礎知識 編

PART 1

音について

01 ▶ PAとはどんな仕事か?

"音"について解説する前に、PAとはそもそも何かということ、そして
PAの業種について、まずはお話ししておきましょう。

PAとは、何でしょう? 既にたくさんの本に書かれてはいますが、PA
とは"Public Address"の略で"大衆へ伝達する"とか"大衆への拡声"という
意味を持っています。つまり、演説等での拡声がPAの始まりというわけ
です。それがだんだん発達して、今日のように大規模コンサートでのPA
というような形になってきたわけですね。もちろんこの本では、特に音楽
のPAについて話を進めていきます。そして音楽のPAはSR(Sound Reinfo
rcement)とも呼ばれており、これは"音楽の補強""音楽の増強"などと訳さ
れています。また、私のアメリカでの体験において、現地のPA会社のスタッ
フは"Live Sound"と言ってました。分かりやすいですね。

さて、PAは最近の音楽やコンサートには欠かせない存在になっていま
す。街の店頭ライブ・イベントの小規模PAシステムから、数十万人規模
の野外コンサートまで、広い範囲にわたって仕事の分野が存在しています。

このように幅広いPAの仕事の中でも、よく知られているのはミュージ
シャンとのかかわりが一番多い仕事でしょう。コンサートに行くと、客席
の真ん中でミキシング・コンソールを操作している人がいますね。彼(彼女)
が、PAオペレーターとかミキサー、あるいはミキシング・エンジニアと
呼ばれる人です。また、ステージ上の上手(カミテ)や下手(シモテ)の袖幕
の後ろに、モニター・オペレーターとかモニター・ミキサー、モニター・
エンジニアと言われるミュージシャン専用のオペレーターもいます。さら
に、ステージ上でマイクの出し入れ(出はけ)やマイク・スタンドの位置の
確認、ケーブルの介錯(かいしゃく)と忙しくステージ上を動き回るのがス
テージ・アシスタントとかステージ・マン、PAアシスタントと呼ばれて

いる人で、この３つの職種の人が一番ミュージシャンに近いところで働いていることになります。

　そのほかにも、PAスピーカーのサービス・エリア（音の届く範囲）等を考慮してスピーカーのシステムをデザイン／プランするPAシステム・プランナー（PAシステム・デザイナー）、スピーカーを設置、組み上げ、結線するPAエンジニア、ラインアレイ・スピーカーを高い天井に吊るすリガー、電源容量を計算／供給／管理／監視するエレクトリシャンがいますし、PA会社の倉庫では修理／改良をするメインテナンス・エンジニアや、プリパッチ（現場に行く前に結線して事前にチェックする）やラッキング（エフェクター等をラックにマウントする）をするウェアハウス・エンジニアなどの職種もあります（図①）。

コンサート会場でよく見かける仕事
- PAオペレーター
  （客席でコンソール等を操作）
- モニター・オペレーター
  （ステージ袖でミュージシャン用にコンソールを操作）
- ステージ・アシスタント
  （ステージ上でマイクの出し入れ等をして忙しく働く）

PA会社にいるスタッフ
- メインテナンス・エンジニア
  （機材の修理や改良）
- ウェアハウス・エンジニア
  （プリパッチやラッキング）

コンサート会場での裏方
- PAシステム・プランナー
  （スピーカー・システムのデザイン）
- PAエンジニア
  （スピーカーの設置～結線）
- リガー
  （スピーカーを天井に吊す）
- エレクトリシャン
  （電源容量の計算～監視）

＊各職種の呼び名は、PA会社によって異なることも多い。また、現場によって複数の仕事を担当する場合も多く、厳密な分担制が敷かれているわけではない

▲図①　コンサート関係のPAの職種の例

このように多様な職種のあるPAですが、この本ではPA業界で働く人のことを総称して"PAマン"と呼ぶことにします。PAマンはPA機材（マイク、スピーカー、コンソール等）を扱えなくては仕事はできませんが、機材ばかりに意識が集中していても、それはそれで仕事になりません。PA機材を扱うのは事実ですが、実際は"音"や"音楽"を扱うのが、PAマンの仕事なのです。

　"音"は目に見えませんし触ることもできませんので、実体のないもののように思われますが、だからこそ"音"について理解を深め、扱っていかなくてはなりません。そこでまずは、"音"についての考え方、音の性質、音を扱う方法、について学んでいきましょう。

◀▼PAマンの勤務中の様子

02 ▶ 音はなぜ聞こえるのか？

　"音"とは何でしょう？　"音"とはエネルギーです。そのエネルギーは、伝わる物質（媒質）があれば伝わっていきます（これを"伝播"と呼びます）。そして、"音"という抽象的な表現から"音波"という言葉になると、物理的なエネルギーを表していることになります。

　もちろん、媒質の無い真空の宇宙空間では音波は伝播しません。人類が宇宙に移住できたとしても、宇宙空間でのコンサートは実現不能でしょう。また、映画やアニメの宇宙戦争シーンなどでは光線銃の発射音、破壊音、爆発音等が派手に付けられていますが、あのような音は実際には聞こえません。宇宙での戦いは、静かな、全くの無音の戦いなのです（図②）。

▲図②　宇宙空間での戦闘は無音

　では、媒質は空気だけなのでしょうか？　実は音波は空気中だけではなく、繊維、木材、ゴム、金属、液体、等いろいろな媒質をも伝わって伝播します。しかし本書では、特に断りの無い場合はすべて、空気中の音波について解説していきます。これはもちろん、私たちがPAをするのは空気中だからで、水中でPAをしているわけではないからです。

　さて、音が聞こえるのはどうしてでしょう？　ご存じのように、外耳からの音波は鼓膜を振動させ、鼓膜の内側にある空気で満たされた中耳に伝わります。そして、この振動が耳小骨と言われる3つの小骨（つち骨、

きぬた骨、あぶみ骨）に伝わり、さらに内耳のかたつむり管という器官の中にあるリンパ液に伝達されます。

　さらに、そのリンパ液中にある何万もの鞭毛の１本１本が振動し、その振動が聴覚神経細胞の神経パルス（電気信号）として大脳に伝達されます。これによって、初めて私たちは音波を音として認識することができるのです（**図③**）。聞くという単純な行為も、このように複雑な過程を経てのことなわけですね。

　では、その音波について考えてみましょう。

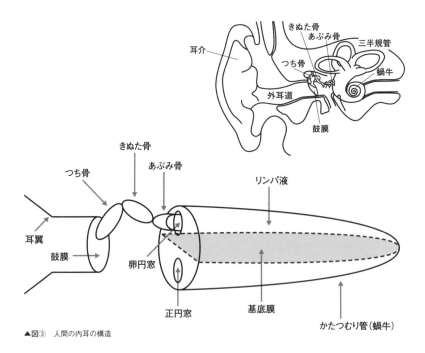

▲図③　人間の内耳の構造

03 ▶ 音波の伝播

　前項で"音が聞こえるのは音波が媒質を伝播するから"と書きましたが、では音波の伝播はどのようにして起こるのでしょう？　そのメカニズムを見ることで、音波についても理解が深まるはずです。

まず物体が振動すると、"音"（音波）が発生します。この場合、振動して発音する物質を"発音体"と呼んでいます。また、発音体が振動して発生した音波を"発音源"と呼びます。

発音源から放射された音波は、上下左右に拡散して空気の疎密波を送り出します。ここで言う"疎密"とは、空気の密度の薄いところと濃いところの組み合わせのことで、言い換えれば大気圧の低いところと高いところ、ということですね。そして、この場合の疎密波を"球面波"と言います。

球面波の断面を想像してください。それは静かな水面に小石を投げ込んだときに起きる波が、同心円を描いて広がっていくようなものです。そして球面波は、この波が三次元の立体で拡散していく現象です。

さて、球面波として発音した音波は、パチンコ球のような小さな球から始まり、卓球の球、野球のボール、サッカー・ボール、ビーチ・ボールというようにどんどん成長しながら、空気中を伝播していくことになります。そして、すごく大きな球となると、その表面はほぼ平面と考えられます。そのため最終的には、平面で押し寄せる波、すなわち"平面波"というようにとらえられるわけです（図④）。

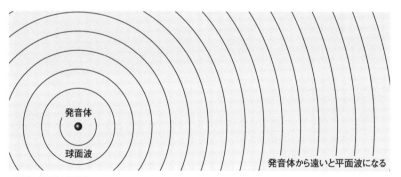

▲図④　球面波と平面波

04 ▶ 同じ音場、別の音場

大気圧は普通は1,013hPa（ヘクトパスカル）ですが、一般の人が聞くことのできる最小の音波は20μPa（マイクロパスカル）です。つまり、大気圧

の1千万分の2くらい(0.00002%)の圧力を、鼓膜は感知しているのです。この微小な圧力を感じて、小さなエネルギーを脳に伝えるのが耳の役割と言えるでしょう。ですから音の物理特性を知ることは、一流PAオペレーターへの第一歩だと思ってください。

　ちなみに、空気の成分は約78%が窒素で、約21%が酸素、残りの1%のうちアルゴン約0.9%、二酸化炭素は約0.03%……などの気体が占めています。ですから、私たちがコンサートで聞いている音楽は、主に窒素の中での音楽なのです。将来、宇宙の気体のある星でのコンサートが開催されたら、その星の気体の成分によって音楽の聞こえ方がかなり変わってくるのではないでしょうか。

　それはさておき、音波の伝播する場所を"音場"と呼びます。ライブのコンサートは音場を共有しますから、"同じ音場"と言えます。一方、レコーディング・スタジオとコントロール・ルームは別々の空間、つまり"別の音場"ということになります（図⑤）。ちなみにライブでよく経験するハウリングは、同じ音場であるからこそ起きる現象です。

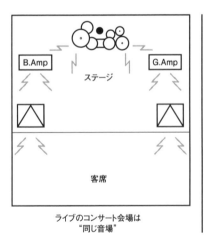
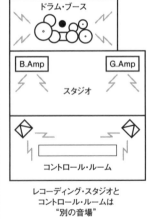

▲図⑤　音場の違い

　規則性のある音波が伝播する場所での、疎密波の時間の経過と疎密の圧力をグラフにしたものが、図⑥です。このような波形を"サイン波（正弦

波)"と呼んでいますが(詳しくはP24参照)、放送の時報音などにも使われていた最も基本的な音の波形です。とても重要なものなので、覚えておいてください。

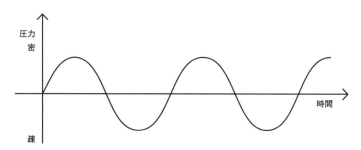

▲図⑥　サイン波(正弦波)の波形

05 ▶ 音の伝わる速さはどれくらい？

"音波は媒質があれば伝わる"と書きましたが、ではどのくらいの速度で伝わるのでしょうか？

日常の経験で感じているように、音波の速度は光よりずっと遅いです。PAマンを目指す人なら、ドーム・クラスのコンサート会場に行ったことがあるかもしれません。そのとき、巨大スクリーンに映るミュージシャンの演奏する姿が、実際の演奏音とずれて見えてとても不思議、不愉快な体験をしたことはないでしょうか？　これなどは、光速で目に届く映像と、音速で耳に届く音波のスピードの差の良い例と言えるでしょう(図⑦)。

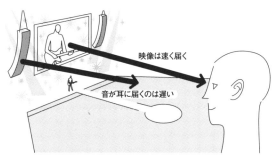

◀図⑦　ドーム・クラスの会場では光と音がズレて届く

さて、この本ではあまり数式は使いたくないのですが、将来必ず役に立ちますから、この機会にほんの少し勉強し直してみてください。すべての数式は、中学生レベルですから安心です。拒否アレルギーを起こさないように……。

音波の速度、音速Cを表す式は、

音速(m/s)：C＝331.5＋0.6t
t＝摂氏(℃)

となります。

"m/s"は1秒間(s＝sec.＝second)に何メートル(m)進むかを表し、"m/秒"と同じです。読み方は、"メートル・パー・セコンド""メートル・パー・びょう"ですね。また、"t"は摂氏(セッシ)のことで、気温を表すことは分かると思います。要するにこの式は、ある気温のときに音波が1秒間に何メートル進むかを表す、とても大事な数式なのです。

音波は1秒間に約340メートル進むと言われていますが、実際のところはどうなのでしょう。例として、温度が摂氏15℃のときの音速を計算してみます。

C＝331.5＋0.6×15＝331.5＋9.0＝340.5

計算してみると、確かにだいたい340(m/s)になりますね。このように、15℃のときの"音速340(m/s)"をこれからはよく使いますので、よく覚えておいてください。

では、音速を時速で表すとどのようになるのでしょうか？

海外旅行をしたときなど、シートの前ポケットに入っているパンフレットで、飛行機の速度が記入してあるのを見たことはないですか？　そこにはマッハ0.85(MACH0.85)などと記入してあるのですが、その"マッハ"が、音波の時速を表す単位なのです。

PART 1 音について 017

$$340m×60秒×60分＝1,224,000m＝1,224（km/h）≒1,200（km/h）$$

ということで、音は時速約1,200kmとなります。

つまり、"マッハ1≒1,200km/h"ということですね。"km/h"の"h"は、もちろん1時間を意味する英語の"hour"から取られています。

秒速340mだとピンとこなくても、時速1,200kmというと新幹線よりもF1のマシンよりも速いことが分かりますね。しかし、光や電波は1秒間に約300,000km進むと言われていますから、約300,000（km/s）と約340（m/s）では、その速度の差は歴然です。

光・電波：300,000（km/s）＝300,000,000（m/s）
音波： 340（m/s）

例えば夏に、雷が"ピカッ"と光ってから、"ドーン"という音が聞こえるまでに数秒かかることを体験したことがあるでしょう。
雷が光ってから3秒後に音が聞こえたなら、雷との距離は340（m/s）×3（s）＝1,020（m）、つまり約1kmあることになります。

では、"ピカッ"と"ドーン"がほとんど同時の場合はどうでしょう。仮にその差が0.1秒とすると、340（m/s）×0.1（s）＝34（m）ということで、雷はすぐそばにあることが分かります（怖いですね）。

またこの式により、温度が上がると音速も速くなるということは十分想像できるでしょう。

0℃ ：約332m/s　　35℃：約352m/s
15℃：約340m/s　　45℃：約358m/s
25℃：約346m/s

06 ▶ 周波数は振動の回数

　周波数とは、1秒間に起きる音波の疎密の波の回数です。それは、発音源が1秒間に振動する回数と考えても良いですし、発音体の1秒間の振動数と同じです。では、この"回数"が意味するものは何なのでしょうか？

　当たり前のことですが、大きな物を動かすには大変な力が必要で、動かしにくいものです。ですから、大きな物はあまり振動することが得意ではなく、振動する場合でもゆっくりと振動します。つまり、1秒間に振動する回数が少ないのです。そして、こういう大きな物は低い音を発します。つまり1秒間に振動する回数が少ない音、疎密の波の少ない音波は低音を発します。バス・ドラムや、ウッド・ベース、バスーン等の大物楽器はみんな低音を受け持っています（図⑧）。

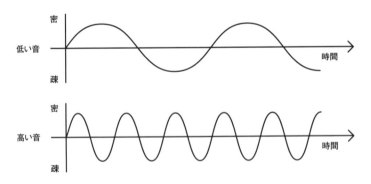

▲図⑧　低い音と高い音の振動数の違い

　それとは反対に小さい物は振動しやすいので、同じ時間内でもたくさん振るわすことができます。ですから、疎密の波も多く発するわけですね。小さい楽器、ピッコロ、トライアングル、すず、オカリナ等は高い音が出ます。

　PAスピーカーでも、低音域を再生するスピーカー・ボックスは大きなスピーカーを収納しているので、大きく作られています。そして、高音域を再生するスピーカーは小さいサイズなので、収納するスピーカー・ボッ

クスも小さく作られています(図⑨)。

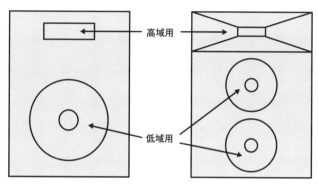

▲図⑨　低域用スピーカーと高域用スピーカー

ここでまとめますと、
● 疎密の波の回数が少ない(振動数が少ない)→低音
● 疎密の波の回数が多い(振動数が多い)→高音
となります。

　なお、周波数は"f"で表します。これは、英語の"frequency"の頭文字から取られたものです。そして、周波数の単位は "Hz"(ヘルツ)となります。1秒間に1回の振動なら1Hz、10回の振動なら10Hz、1,000回の振動なら1,000Hz(＝1kHz)ということですね。

07 ▶ 可聴限界周波数

　では、人はどのくらいの範囲の音波を聞くことができるのでしょうか？これは世界中のどんな人種の人でもほぼ同じで、健康な20歳前後の人の聞こえる範囲は、サイン波(正弦波)でおおよそ20Hz～20,000Hz(20kHz)と言われています。つまり、1秒間に20回振動する音波から、2万回も振動する音波まで聞こえてしまうのです。

　しかも最近の研究では、ワイングラスを落として割ってしまったときの音や、風船が破裂したときの音のようなパルス成分がたくさん入った音波

は、超高音域の50kHzや60kHzの音波も含んでおり、和太鼓では100kHz以上の音波も含んでいるという研究結果も出ていて、人の耳がこの辺の帯域まで感知していることも分かってきています（聞くことと感知することとの違いの研究はまだ未完成の分野ですが、とても興味深いですよ）。

ではここで、周波数と音楽の関係についてお話します。

"オクターブ"という言葉は知っているでしょうか？　音楽の世界では、基本的な言葉ですよね。低いドの音と高いドの音の関係を言うときなど、「オクターブ離れている」と言ったりします。では、このオクターブは"音の世界"ではどういうことなのでしょう？　実は1オクターブ上ということは周波数が2倍になることで、1オクターブ下ということはその反対に、周波数が1/2（半分）になることなのです（図⑩）。

● 1オクターブ上　→　周波数が2倍
● 1オクターブ下　→　周波数が1/2倍（半分）

この関係もこれからよく出てきますので、今のうちにぜひ覚えておきましょう。

悲しいことに人間は年齢の増加と共に、特に高音域が聞き取りにくくなったり、音圧を上げないと聞こえなくなったりします。それは内耳にある耳小骨やかたつむり管の年齢による老化、つまり動作が鈍くなることより、若いときのように正しく伝達できなくなるために起きる現象です。

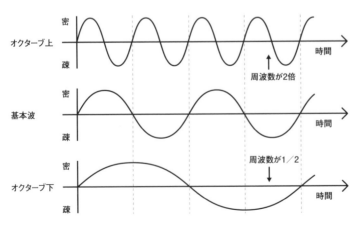

▲図⑩　周波数とオクターブの関係

08 ▶ 波の長さのことを波長と呼ぶ

　疎密の波の1回の始まりから終わりまで、つまり振動の始まりから終わりまでの長さを波長と呼びます。これは、1サイクルの間に音波の進む距離と理解してください（**図⑪**）。振動数が多ければ周波数が高いわけですから、波長の短い音ほど、周波数は高いということが言えます。逆に、周波数の低い音ほど波長は長くなります。グラフの山から山、谷から谷の長さを、専門的な言葉で"同位相の位置にある関係"と言います。また、山から谷、谷から山の長さを逆位相の位置にある関係と言います。

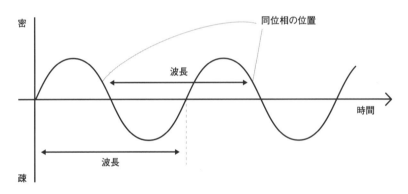

▲図⑪　振動の始まりから終わりまでが波長

　波長は、ギリシャ文字の"λ"（ラムダ）で表し、単位はメートル(m)です。そして、音速C(m/s)と周波数f(Hz)と波長λ(m)には次式のような関係があります。

$$\lambda = C/f \,(m)$$

　つまり、波長は音速を周波数で割った数である、ということです。この式を変形して、$C = \lambda f \,(m/s)$ または、$f = C/\lambda \,(Hz)$ とも書けます。なぜか、この後の章に出てくるオームの法則に似ていますね。
では、可聴限界周波数を計算してみましょう。

まずは、20Hzの波長λを求めてみます。

λ＝C/f より　C＝340(m)、f＝20(Hz)
λ＝340/20＝17(m)

では、20,000Hzの波長λはどうでしょう？

λ＝C/f ＝340/20,000
　＝0.017(m)
　＝1.7(cm)

こうして計算してみると、人は17mの疎密の波から1.7cmの波まで聞き取ることのできる耳（聴力）を持っていることが分かります。そしてその波のエネルギーは、気圧の0.00002％くらいしかない微小なエネルギーなのです。それを感じ取れるなんて、なんて素晴らしいのでしょう。

では楽音で言えば、いったい人はどのくらいの高低を聞き取れるのでしょうか？　前項の、周波数のところで説明したように計算してみます。

１オクターブ上は周波数が２倍になることでしたから、20Hzの１オクターブ上は40Hz、その１オクターブ上は80Hzと繰り返すと、160Hz→320Hz→640Hz→1,280Hz→2,560Hz→5,120Hz→10,240Hz→20,480Hz、となります（図⑫）。

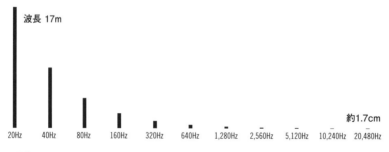

▲図⑫　20Hzと20,000Hzは何オクターブ離れている？

さて、何オクターブあったでしょうか？　そうです。約10オクターブの"音波"を人間は聴き取れるんです。

音楽の世界では基本となる音をA＝440Hzと決めています。ですから、この440Hzを基準としてチューニングします。ただし、最近はA＝441HzやA＝442Hzとする音楽家も増えています。音楽家の間では、A＝441Hzは「ヨンヨンイチ」、A＝442Hzは「ヨンヨンニ」と呼ばれています。

たった1Hzや2Hzの違いで音の響き方が少し明るくなったように変わり、それを気持ち良く感じ取れる耳があるからこそ、音楽がどんどん好きになっていくのでしょうね。

なお1オクターブを12等分し（平均律）、それらにド（C）、レ（D）、ミ（E）……のように名前を付けたのが、"音名"というものです。どんな複雑な音楽も、この12の音とそのオクターブの音、そして休符の組み合わせで成り立っています。それを楽しく感じたり、悲しく感じたり、感動したりと、本当に小さな"音波"のエネルギーの変化が素晴らしい人生を創造するのですから、もっともっと学習して素晴らしいPAマンになってください。

09 ▶ 振幅は波の大きさを表す

振幅は、疎密波の上下の最大値の幅のことです（**図⑬**）。この値が、疎密波の高さを表していることはグラフから分かるでしょう。

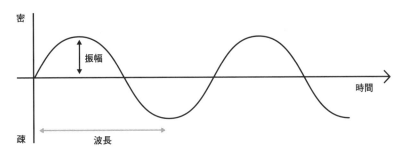

▲図⑬　振幅は疎密波の上下の最大値の幅

大気圧よりほんの少し低くなっているのが疎の状態で、ほんの少し高くなっているのが密の状態です。例えば大太鼓であれば、皮がたくさん揺れるときは振幅が大きいことになります。あるいはピアノの弦も、強く弾いたときではたくさん揺れていますから振幅は大きい。ですから、振幅の幅が大きいと音波のエネルギーが大きく、振幅の幅が小さいと音波のエネルギーは小さいということが言えますね。また、振幅は音波の波の深さとも言えます。これも図を見ればよく分かりますね。上下の"振れ"のことです。

一般には、振幅の振れが大きいと音量は大きく感じられます。しかし、人間の耳には不思議なところがあり、音量は周波数によっても変化するのです。そのため、同じ振幅でも周波数によっては同じ音量に聞こえません。これについては、また後の項で説明しましょう(P39参照)。

10 ▶ 音色／音質の意味

継続した音の特徴は、大きさ、高さ、音色／音質で判断され、これらを"音の3要素"と呼んでいます(ちなみに音楽の3要素はリズム、メロディ、ハーモニーです)。一般的に、音の大きさは振幅で表され、音の高さは波長で表すことができます。このことは、既に述べてきた通りですね。では、音色／音質はどうでしょう?

例えばピアノで弾いた440HzのA音と、同じ音量でギターで弾いた440HzのA音を比べてみます。この場合、音の大きさと高さは同じなのですが、当然ながらそれぞれは"違った音"に聞こえるはずです。このとき、この2つの音は音色／音質が異なっていると言えるのです。

このことを説明するためには、サイン波(正弦波)についてもう一度見ておく必要があります。実はこの波形は、自然界には存在しない、人工的に作られた音です。別名"純音"とも呼ばれ、単一の周波数からできています。つまり、20Hzのサイン波(正弦波)は20Hzの音しか持っていないし、20kHzのサイン波(正弦波)は20kHzの音しか持っていない、非常に純粋な音なのです。

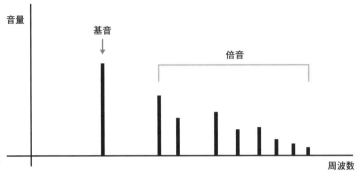

▲図⑭　基音と倍音

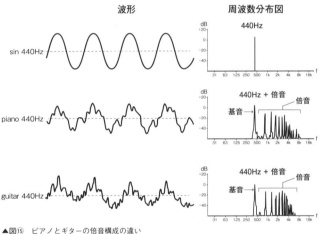

▲図⑮　ピアノとギターの倍音構成の違い

　一方で、自然界に存在する音はさまざまな周波数の音を含んでいます。その中で、音の高さを決定するものを"基本波（基音）"と呼び、それ以外の構成音を"倍音"と呼んでいます（図⑭）。つまり自然界の音は、さまざまな周波数のサイン波（正弦波）が合成されたものなのです。そして、倍音の混じり具合（これを倍音構成と呼びます）によって、音色／音質は決まってくることになります。先ほどの例で言えば、ギターとピアノでは倍音構成が違う、ということになりますね（図⑮）。人が音色を聞き分けることは、その音に含まれるいろいろな周波数の純音とそれらの振幅の分布を聞き

分けることができる、ということです。これに関しては、"オーム・ヘルムホルツの法則(Ohm-Helmholtz's Law)"と呼ばれるものがあります。この法則は、音を聞いたときに、含まれているいろいろな周波数の純音とその振幅の分布を聞き分けることができるが、その間の位相関係は感じられない、というものです。

　一般的に、基本波の2倍、4倍……というような偶数次倍音はやさしく艶っぽく感じられ、3倍、5倍……という奇数次倍音はうるさく、刺激的な音に感じられます。ですから、偶数次倍音が多いか、奇数次倍音が多いかで、大まかな音色は決まってくると言えるでしょう。

　科学的に倍音構成を調べるには、高速フーリエ変換(Fast Fourier Transform／FFT)という計算を行うことになります。フーリエ変換を行えば、あらゆる音は基音と倍音の和として表すことが可能です。PAの現場では、フーリエ変換を使って音場を測定するようなことも、行われています(図⑯)。また、さまざまなパソコン用のソフトでフーリエ変換が可能など、意外に身近な技術だと言えるでしょう。

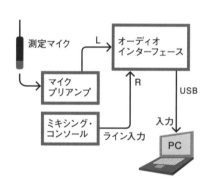

◀図⑯　フーリエ変換を使った音場測定の例

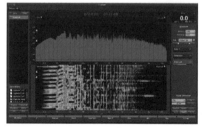
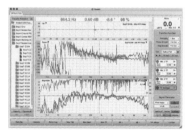

▲rational acousticsのSmaart v8を使った測定例（Smaart v8の画面）

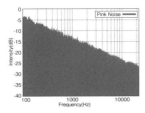
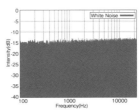

◀測定されたピンク・ノイズ（左表）とホワイト・ノイズ（右表）の例

11 ▶ 音波の性質

この項では、音波のさまざまな性質について解説します。PAの現場でも必要な知識なので、ぜひ覚えるようにしてください。

■反射

音波も光と同じように、硬い壁などに当たると反射する性質があります。その際、音波はまっすぐに進む性質（直進性）があるので、壁に当たるときの角度（入射角）と同じ角度（反射角）で反射します。また、音源からどこにも反射せずに到達した音波を"直接音"と言い、壁などに反射して到達した音波を"反射音"と言います（図⑰）。

反射音の経路が長いと音が二重に聞こえたりすることがありますが、これは"エコー"と呼ばれる現象です（図⑱）。分かりやすい例で言えば、山び

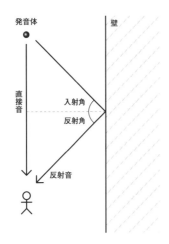

▲図⑰ 直接音と反射音

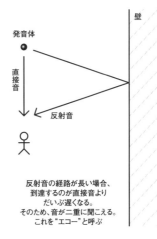

▲図⑱ エコー

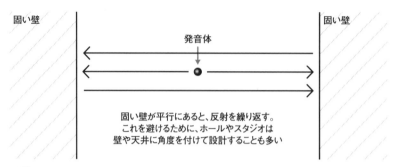

▲図⑲　フラッター・エコー

こが自然界におけるエコーの代表ですね。また、硬い平行な壁面の間での音波は独特な響きとなり、これを"フラッター・エコー"と言います。鳴き竜という現象としても知られていますが、反射を繰り返すうちに特定の周波数が強調されることになり、独特な響きとなるわけです（図⑲）。

　これに対し、音がさまざまな場所で反射することで、反射音がたくさん残ることもあります。これは、"残響"と呼ばれるものです。例えばある音を出していて、急に止めたときに残る音が残響ですね。この残響は、音を出す空間ごとにさまざまな特徴があるものです。残響が消えるまでの時間を"残響時間"と言いますが（正確には500Hzの音が1/1,000,000（−60dB）のエネルギー・レベルになるまでの時間です）、クラシック系のホールや大ホールは残響時間が長く、ロック系のホール（ライブ・ハウス等）や小ホールは残響時間が短いのが普通です。そして、残響時間の長い空間を"ライブ"、短い空間を"デッド"と呼んで区別しています。残響時間のほかにも、壁の材質等により残響の音質が変化するなど、空間と残響は切っても切れない関係にあると考えてください。

　PAで使用するエフェクトの代表はエコーとリバーブですが、エコーはいわゆる"山びこ"を、リバーブは"残響"を表現するためのものです。エコーは"ア・ア・ア・ア"というような響きに対し、リバーブは"ブワーン"というような響きとなります。いろいろな場所で既に体験していると思いますが、これからはエコーとリバーブの区別、そして響きの違いも間違えないようにしましょう。

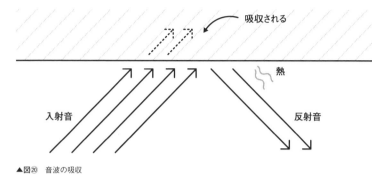

▲図⑳　音波の吸収

■吸音

　音波がある物質の中を通過していくときや反射するときには、音波のエネルギーの一部がその物質に吸収されてしまいます。これを、"吸音"と言います。そして吸収された音波は、熱となり物質から放出されます(**図⑳**)。

　この場合、音波がどれくらい吸収されたかの割合(吸音率)は次のような式で表します。

　　吸音率＝吸収された音波のエネルギー／入射した音波のエネルギー

　吸音率の反対が反射率です。これは、ある物体が音波をどれくらい反射するかの割合ですね。

　　反射率＝(入射した音波エネルギー－吸収された音波エネルギー)
　　　　　／入射した音波エネルギー
　　　　＝1－吸音率

　さまざまな吸音率や反射率を持つ物体が世の中にはありますが、吸音に優れた素材を使用して、吸音材というツールが作られています。吸音材を使用することで空間の響きを調整できるわけで、これはスタジオやライブ・ハウスの設計時にはとても重要なものです。具体的には、グラスウール、ウレタンフォームなどの多孔質吸音材、合板や石膏ボードなどの振動

▲技研興行製のウレタン吸音くさび

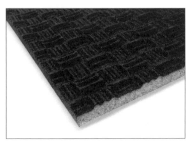

▶SONEX ProSpec SPF1は防音と吸音を兼ね備えた吸音材

でエネルギーを吸収する振動吸音材、穴あき合板や穴あきボードのような穴の中で音波のエネルギーを吸収する共鳴吸音材などがあります。特に低音は吸音しづらいので、部屋の角にグラスウール等を筒状に吊るした、"ベース・トラップ"というもので吸音をしたりします。

　私たちPAオペレーターは、リハーサルはお客さんが入ってないホールで行いますので、客席内ホールの吸音率が少なく、サウンドとしてはリバーブがかなり多い状態で行います。しかし、本番時にはお客さんも入り吸音率も上がります。それはお客さんの着ている服などに音波が吸収されるためと、お客さんに音波が当たり乱反射し、結果として吸音率が上がるためです。そのため、リハーサルと本番とでは音に変化が生じます。しかし、ベテランのオペレーターはそういう点にも気を付けてオペレートしているのです。また、夏場と冬場では吸音率もかなり変わってきますので、同じ会場でも音の作り方やオペレート、アプローチも違ってきます。なぜ夏場と冬場で吸音率が変化するかは、各自で考えてみましょう。

■遮音・透過

"透過"とは、音波が壁などに当たったときに音波が通り抜ける現象です（図㉑）。そして、壁を通り抜けてしまった音波のエネルギーの比率を"透過率"と言います。

　　透過率＝透過した音波のエネルギー/入射した音波のエネルギー

これに対し、壁が音波の透過をさえぎることを"遮音"と呼びます。そして、音波を透過させない比率を"遮音率"と言っています。遮音率と透過率の関係は、反射率と吸音率の関係と一緒で、2つを合わせてもとのエネルギーになるということです。

　　遮音率＝（入射した音波エネルギー－透過した音波エネルギー）
　　　　　／入射した音波エネルギー
　　　　＝1－透過率

吸音材と同じように、遮音率の優れた物質を利用して"遮音材"というものが作られています。この遮音材も、スタジオ設計、ライブ・ハウス設計には欠かせませんね。なお、遮音率は質量の2乗と周波数の2乗に比例することが分かっています。これはつまり、重い材料ほど遮音率は高く、高い周波数ほど遮音の効果が大きいということですね。ライブ・ハウスの

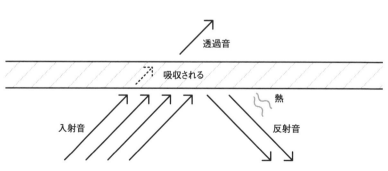

▲図㉑　音波の透過

外などにいると低音ばかりが漏れて聞こえるのは、壁で遮音されるのが高音ばかりだから、というわけです。

　ところで、遮音と混同されてよく使われている言葉に、"防音"というものがあります。しかし防音というのは、音が外部から中へ入ってこないようにすることです。遮音とはその逆で、音が内部から外へ漏れ出ないようにすることです。うっかり間違えてしまうことのないよう、気を付けてください。

■回折

　音波は進行方向に障害物があっても、それを回り込むように進むことができます（図㉒左）。あるいは、穴の開いた壁のような障害物があっても、その穴を通過して再び進行拡散するという性質を持っています（図㉒右）。こういった現象は、"回折"と呼ばれるものです。

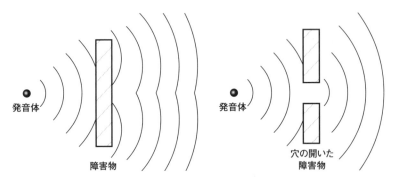

▲図㉒　音波は障害物を回り込むように進む

　ただし、周波数によってもその性質は異なり、高音になるほど直進性が増します。低音は高音より拡散しやすく、回折の性質がより多く現れます。一般に1/2波長以上の大きさの障害物があれば、その周波数より上の音波の障害物と考えられています（図㉓）。

　例えばPAスピーカーの後ろにいると、ベースやバス・ドラムの音がよく聞こえるのに対して、ボーカルやギターの音はあまり聞こえてきません。これはなぜかと言うと、波長の短い高音域の音より、波長の長い低音域の

音の方がスピーカーを回り込んで届きやすい。そのために、このように低音ばかりが聞こえるようになるのです。これが回折現象の性質です。

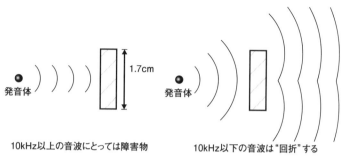

▲図㉓　周波数による直進性の違い

■屈折

　音波も、光のように空気中から水中に伝播したりすると、曲がる性質を持っています。これを"屈折"と呼びますが、伝播する媒質に変化があれば屈折は起きるわけですね。

　では、同じ空気中であれば屈折は起きないのでしょうか？　実は、空気中に温度差があれば、音波は温度の高い方から低い方へ屈折するのです（図㉔左）。また、空気の速度差、すなわち風速によっても屈折します（図㉔右）。この場合は、風速の速い方から遅い方へ屈折するのです。これは要するに、両現象共に音速の速い方から遅い方へ屈折していることになりますね。

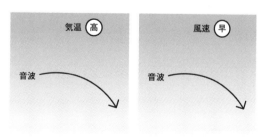

▶図㉔　気温や風速の違いにより音波は屈折する

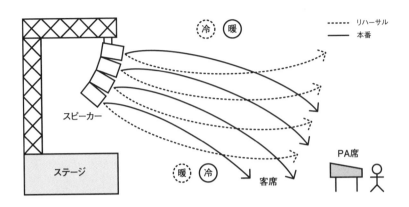

▲図㉕　野外コンサートのリハーサル時と本番での気温差

　こういった現象は室内のコンサートではあまり気にかけないことですが、野外コンサートでは、PAスピーカーの設置場所などを気にする必要が出てきます。例えば夏の野外コンサートで、昼間に直射日光の下でリハーサルをしている場合。舗装された地表の温度は45℃を超えていますが、地上10mにフライングされたスピーカーの辺りでは温度は25℃くらいです。このような場合、音波は温度の高い地表から温度の低い上空へと屈折して進行するため、PA席より後ろの客席にはあまり音が届かなくなってしまうのです（図㉕）。しかし、夕方から夜の本番時には地表の温度も下がりますので、音波はPA席にもちゃんと届くようになります。このように、私たちは音波の屈折という性質を理解してサウンド・チェック、リハーサルや本番を行っていますし、このことを理解したPAシステム・プランニングができてないと、良い音を観客に提供できません。ですから、将来野外ロックコンサートのオペレートやシステム・プランニングをするときには、このことに十分気を付けてください。

12 ▶ 音圧・音圧レベル・音量

　"音圧・音圧レベル・音量"は、日常でも比較的使われる言葉ですし、混同しやすいと思われます。"何となく同じようなもの"と思っている人も、

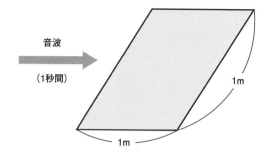

▲図㉖　音圧は疎密波が1秒間に1㎡を通過するエネルギー量

多いのではないでしょうか？　では、1つ1つ解説していきましょう。

　まず"音圧"ですが、これは音波の強さのことです。難しく言うと、空気の疎密波が1秒間に1㎡を通過するエネルギー量、ということになります（図㉖）。単位はIで、"W/㎡"で表します。なお"音圧は音の強さ"と書きましたが、これは要するに音源の振幅の大きさということと同じです。空気中での音は、気圧の微少な変化であるという話を思い出してください。

　ところで、人はどれくらい小さな音を聞くことができ、どれくらい大きな音まで聞くことができるのでしょう。人が聞くことのできる最小の音量（最小可聴音圧レベル）は、前述したように20μPaとされています。そこでこの気圧変化の値を基準として、音波がその何倍の気圧変化なのかをdB（デシベル）で表すのが"音圧レベル"です。20μPaを0dBとして、音圧を相対的な方法で表していくわけですね。そして、人が聞ける最大の音圧は120dB超くらいと言われています。それ以上の音圧レベルでは、苦痛を伴います。しかし最近のロック・コンサートやライブ・ハウス、クラブでは130dB以上の音圧レベルを測定したというデータもありますので、音楽になれば音量が大きくなっても苦痛を伴わないのかもしれません。また、最近のPAスピーカー・システムは大音量を簡単に出せるようになりました。そのせいかPAオペレーターや音楽関係者の中で、"大音量を出せるオペレーターが上手なオペレーター"と勘違いしている人たちが見受けられます。しかし、あくまでも音楽を創造するアーティストであるのがPAオペレーターですので、本書の読者は勘違いしないようにしてください。

さて、音圧と音量は正確には違うものです。音量は音の大きさを表す感覚的なものですが、音圧は音の強さを物理的に表しています。また、音圧レベルはdBで表記しますが、音量はPhon（ホン）で表します。1,000Hzで70dBのサイン波（正弦波）を出した場合、同じ大きさで聞こえる音量が70Phonということになっています。ただ、人の耳は周波数が異なると音量も違って聞こえてしまう、という性質を持っています。ですから、この70dB、1,000Hzのサイン波と同じ音量で聞こえる大きさは、周波数ごとに異なります。そのため、厳密には周波数ごとに70dBの音量があることになるのです（詳しくはP39"ラウドネス効果"参照）。

　なお、一般の人は2dBの音圧差を感じられると言われています（周波数や音楽によっても変わりますが）。一方、プロのPAマンや音楽家は0.5～0.3dBの音圧差を聞き分けられる耳を持っています。やはり、音楽を創造するプロはすごいですね。

13 ▶ 騒音の定義

　"騒音"は一般的には騒がしい音、うるさい音と言われていますが（図㉗）、実際はどのように定められているのでしょうか？

　JIS（日本工業規格）によると、"望まない音を騒音とする"と定義されています。となると、どんなにやかましいエレキ・ギターの音も、演奏者にとっては必要な音ですので騒音ではありません。しかし、静かな部屋で勉強をしているときに聞こえてくるクラッシック音楽は、その人にとっては"望まない音"、すなわち騒音なのです。この2例はあくまでも例であり、筆者がエレキ・ギターやクラッシックを好きではないという意味ではありませんが、受け手によって音楽は騒音になり得るということは覚えておきましょう。

　ところで、"暗騒音"という言葉をたまに聞くことがあります。これは、ホールやスタジオで音を出していないときに聞こえる、空調ノイズや外部からの音の漏れ、建築物のきしみ、振動などの音を指します。この暗騒音は、耳には感知できない場合でも、きちんと測定をすると数値が現れます。静

20μpa	0.0002pa	0.002pa	0.02pa	0.2pa	2pa	20pa	200pa	
0	20	40	60	80	100	120	140	150dB
可聴最小音	正常呼吸音	静かな住宅 住宅地(昼間) 一般事務室	乗用車内(40km/h) プリンター音	地下鉄内	ライブハウス コンサート会場 ガード下	飛行機離着陸時 ロック・コンサート	ジェット・エンジン近く	
極めて静か		静か	普通	うるさい	極めてうるさい		肉体的苦痛 生じる 聴力機能障害	

▲図㉗ 騒音レベル

かな住宅では40dBくらい、レコーディング・スタジオでは20dBくらいの静けさです。

また、全く音のしない部屋を作り、その中でいろいろな測定や実験を行うこともあります。このような部屋は、無響室と呼ばれています。

14 ▶ NC値（Noise Criteria Curves）とは?

"NC値"は、騒音の中で会話がどれくらいのレベルで聞こえるかという、騒音と会話の関係から生まれたものです。部屋の静かさを表すと言え、周波数曲線で会話の伝達度と難易度の関係を示しています（図㉘）。測定方法は、騒音をオクターブ分析して縦軸のバンド・レベルを決め、そのバンド・レベルの値をNC曲線のグラフに記入、各バンドのNC値を求め、最大値をNC値と決定します。

NC値は小さい方が静かで、レコーディング・スタジオや放送スタジオではNC15～20、ホールではNC20～25、会議室ではNC25～30が望ましいとされています。NC40～50くらいでは、普通の会話は2mくらいの距離で

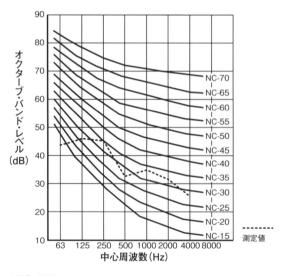

▲図㉘　NC値

しか話せません。4mくらい離れると、やや大声で話さないと聞きにくいです。

電話は少し困難の場合もあります。NC55以上では非常にやかましく電話での会話は不可能になります。

15 ▶ 音響心理について

ここまでは、音の物理特性を学習してきましたが、理論と実際に大きなへだたりのある場合も出てきます。理論通りに私たちの耳が音を判断すれば音は扱いやすいのですが、人間の耳はなかなかいい加減なものなのです。音という物理現象を耳(すなわち脳)がどう認識しているのか、その関係は"音響心理"と呼ばれ、さまざまな研究がなされています。例えば、ある音が出ているのに気づかない、あるいは出ている音と違う音程で聞こえてしまう、さらには出ていない音が聞こえたりと、人間の耳のいい加減さにはほとほと困ってしまいます。そして、このいい加減な耳の特性を知ってこそ、音楽を作るプロフェッショナルになれるのです。一般の人は"聞こえる耳"ですが、プロフェッショナルは"聞く耳"を持っているのです。

私たちは日常生活の中で、音響心理は知らない間に経験していますが、学習はしていません。この音響心理を学習することで、その理屈を知り、そしてより良い音楽を創造できコンサートを行えます。しかも会場が異なったとしても、同じ音楽、同じコンサートを再現できるようになる。これが、観客に"良い音"を提供するということです。そういうことのできる人が真のPAオペレーターであり、プロフェッショナルと言えるでしょう。

■ラウドネス効果

"音圧・音圧レベル・音量"の項に記しましたが、音圧と音量は正確には異なるものです。そして、1,000Hzで70dBの音圧レベルのサイン波(正弦波)と同じ大きさで聞こえる音量が70Phon、ということも述べた通りです。しかし、周波数によってそのサイン波(正弦波)と同じ大きさと感じる音量は異なります。そこで、各周波数でサイン波(正弦波)と同じ大きさと感じる

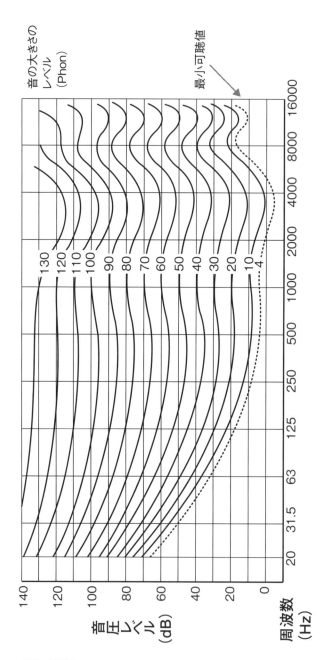

▲図㉙ 等感曲線

音量を測定し、"ロビンソン－ダッドソンの等ラウドネス曲線（等感曲線）"というものが作られました（図㉙）。

70dB＝70Phonの例で言えば、60Hz付近では9dB上げた79dBが、8,000Hz付近では8dB上げた78dBが同じ音量で聞こえることになります。しかし、3,500Hz付近では逆に、9dB下げた61dBが"等感"ということですね。

また、音量が変わると聞こえ方も変わります。40Phonでは60Hz付近の音は16dB上げないと同じには聞こえず、これは70Phonのときよりも7dB増です。この意味するところは、音量が下がると同じようには聞こえない、ということです。

例えば人の声（肉声）を実際よりも音量を上げて聞くと、低音の割合が大きく、太い声で聞こえるものです。ですから、自然に近い音質にするには、低音を弱くする必要があります。あるいは、実際の演奏よりも小さい音で音楽を聞くと、低音が少なく聞こえるはずです。このようなときは、低音の割合を大きくすれば、実際の演奏を直接聞いたのと同じような高／低音のバランスが得られることになります。

このようなことを知っていないと、85dBくらいのバラードと、105dBの激しい曲での聴感上でのバランスの変化に対応することができません。そのため、とてもバランスの悪いPAになってしまい、聴衆を満足させることはできません。オペレートしている自分自身の技術力不足をなげくことにもなりかねないので、基礎知識はきっちり身に付けたいですね。

■マスキング効果

周りが静かなときにはっきり聞こえていた音も、周囲の騒音が激しくなってくるとよく聞き取れなくなってしまい、あたかも一時的に聴力が低下したのと同様になります。このように、妨害音の存在による最小可聴音のレベルが上昇する現象を"マスキング"と呼んでいます。そして最小可聴値の量で"マスキング効果"の程度を表し、この値を"マスキング量"と称しています。

では、マスキングに関する諸特性を見ていきましょう。

①妨害音のレベルが上がればマスキング量は増える

　2つの音に音量差がある場合、大きい音が音量の小さな音をマスキングします（図㉚）。日常当たり前のように感じていることでしょうが、大きい音がすると小さい音が聞こえなくなるものです。この現象が、音量差によるマスキング効果です。PAオペレートでは、例えばボーカルの音量が小さいと周りの音にマスキングされてしまうので、フェーダーを操作して音量を上げたりしています（これを、"フェーダーを突く"と言っています）。

▲図㉚　音量差によるマスキングの一例（ギターの音量が大きすぎるとボーカルが聞こえなくなることも）

②マスキング量は妨害音の周波数に近いほど大きくなる

　2音が同じ周波数だったり、近い周波数だったりすると、お互いがお互いの影響を受けて聞こえづらくなります。サイン波（正弦波）で実験をしてみると分かりますが、周波数が近づくと"うねり"が生じ、かえって2音の存在が分からなくなることもあるほどです。

　音楽においては楽曲のキーに合わせて各楽器が演奏するので、近い周波数や同じ周波数の楽器音が、お互いの音を聞きとりにくくさせる場面も多々あります。このような現象も理解してPAオペレートをすることは、とても大事なことです。実際の対処法はイコライザーで倍音成分を変化させたり、ショート・ディレイで音量を変化させずに聞き取りやすくしたりとさまざまです。

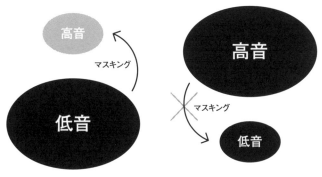

▲図㉛　低音と高音の関係

③低音は高音をマスキングするが高音は低音をマスキングしない(図㉛)

　この現象を説明するためには、人間の耳の構造をもう一度見る必要があります。既に述べたように、カタツムリ管の中の鞭毛を振動させることで人間は音波を感知します。その際、高音は入り口付近の鞭毛が担当し、低音は奥の方の鞭毛が担当をしていることが分かっています。つまり、低音はカタツムリ管の奥の方まで振動させるので、入り口の高音部にも影響を及ぼします。一方で高音による振動は奥の方までは伝わらないので、高音は低音をマスキングしない。このように考えることができるでしょう。

④同時に出た音でなくてもマスキングされる

　これは"継時マスキング"と呼ばれる現象ですが、2つの種類があります。
　まず"前向性マスキング"は、マスキング音を止めた場合に起こります。

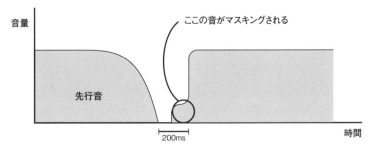

▲図㉜　前向性マスキング

音が止まっても、耳の方ではすぐに対応できず、約200msの遅れが生じる
とされています。これにより、その間に別の音が鳴らされたとしても、止
まったはずのマスキング音の影響が発生してしまうのです（前ページの図
㉜）。要するに、既に存在しない先行音が、後続の小さな音をマスキング
してしまう、ということですね。

　一方の"後向性マスキング"は、後続の大きな音が先行した小さな音をマ
スキングする現象です。これらの現象は、神経への刺激が加わってから
応答するまでに多少の遅れがあることに起因しています。聴覚の動的性
質を知る上にも、重要な現象ですね。

⑤先行音効果（ハース効果）

　"先行音効果（ハース効果）"について解説する前に、まずは音像の定位に
ついて説明しておきましょう。ステレオのスピーカーからそれぞれ同じ音
を出した場合、音は真ん中に定位します（図㉝）。皆さんも当たり前のよう
に感じていることでしょうが、考えてみればスピーカーの無い真ん中から
音が聞こえて来るというのは、不思議な現象ですよね。この不思議につい
ては十分な解明がなされていないのですが、要するに実音像ではなく"虚
音源"とでも言うべき見かけ上の音像なわけです。

　では、音が左右から聞こえるように感じるのはどうしてでしょうか？
実は人は、音が左右の耳に到達する時間差や音量差によって方向性を感
じているのです（図㉞）。例えば左の耳に達した音が、少し遅れて右の耳
に達すれば、これは"音が左から聞こえる"ということですね。時間差はも
ちろんですが、右の耳の方が遠くにある分、わずかではありますが音量差
もあると考えられます。

　このことを、ステレオのスピーカーで実験してみましょう。まず、左右
から同じ信号を出せば真ん中に音像が定位するのは、先ほど述べた通り
です。そこで、右のスピーカーを後ろに3.4mずらしてみます。すると、音
像が左に定位するのが分かると思います（図㉟）。しかしこのときに、右の
スピーカーの音量を10dBほど上げてみてください。きっと、音像が右に

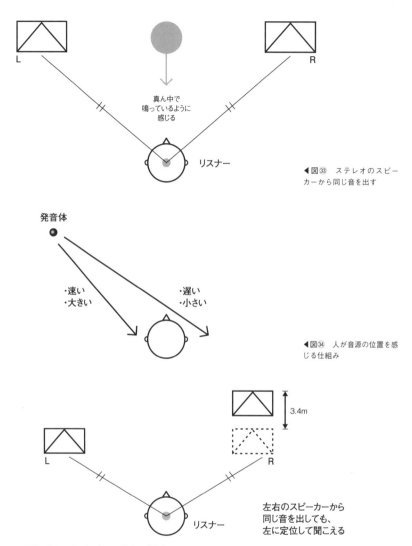

◀図㉝　ステレオのスピーカーから同じ音を出す

◀図㉞　人が音源の位置を感じる仕組み

▲図㉟　右のスピーカーを3.4m後ろにずらす

　定位することでしょう。このことから分かるのは、たとえ2つのスピーカーから同じ音量の音が出ていても、耳に速く届いた方に音像が定位して聞こえる、ということです。そして、これが"先行音効果（ハース効果）"と呼ばれるものなのです。

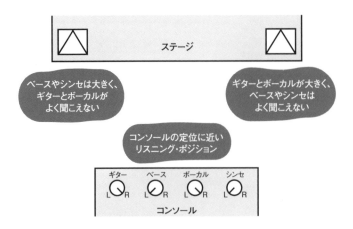

▲図㊱　会場内のすべての場所で良い音になるように気をつける

　この現象は、PAでは広い範囲で応用されています(実際にはスピーカーの位置をずらす代わりにデジタル・ディレイを使って信号を遅らせるのですが)。講演者のスピーチを複数のスピーカーでPAしたときに講演者に音像を定位させたり、フライング・スピーカーの音像をステージ上に定位させたりと、さまざまです。PAの場合は、あまり極端なパンニング(定位の向きを左右に振ること)をしてしまうと、会場内の場所によって聞こえる音が違うということになってしまいます(図㊱)。しかし"先行音効果(ハース効果)"を利用すれば、パンニングに頼らずに定位ができるので、会場内での音のばらつきも抑えられるのです。

⑥カクテル・パーティ効果
　カクテル・パーティに限らず(日本では居酒屋でしょうか？)、雑踏の中で大勢の人の声や音楽、騒音に混じっている相手の声を聞き分けて話ができる人間の能力を指して"カクテル・パーティ効果"と呼びます。人間が、聞きたい音を選択して聞いていることを示す、良い例でしょう。しかし、同じ環境で録音をした場合は、再生時に人の声を聞き取るのは難しいことが経験的に知られています。ですので、TVのインタビューではマイクを口元に近づけて収録しないと、雑音に埋もれた声としか聴こえないわけで

す。この問題も古くから議論されていますが、その原理を明解に説明する実験結果はまだ出ていません。

　PAで言えば、例えば好きなアーティストのコンサートに行った場合、ボーカルが小さく聞こえていても歌詞を知っているのでちゃんと聞こえてしまうという錯覚もあります。同様に、あるグループのコンサート・ツアーを長く行っていると、オペレーター自身も曲や歌詞を覚えているので、危険です。初めて聞きにくるお客さんの気持ちでオペレートしないと、ソロやボーカルが小さすぎるというクレームが出るかもしれません。

　このほかにも、音や聴覚についてはまだまだたくさんの現象や理論、測定、実験があります。しかし、PAを学ぶ上での基本的な事柄はここで述べた通りです。それ以上のことについては、不明な現象が起きてから学習しても間に合います。まずはここで述べたことを、きちんと理解するようにしてください。

PART 2
電気の基礎

01 ▶ 電気について

　この章では、PAマンに最低必要な電気知識を習得することを目的として、解説をしていきます。

　PAシステムは電気がないと動作しません。では、どんな電気があれば良いのでしょうか？ コンサートの本番中にブレーカーが落ちて中止になったり、電源が無くてセッティングができなかったり、といったことは聞いたことがありません。その裏付けに必要な知識とはなんでしょうか？ 実は、中学生程度の電気知識がちゃんと理解できていれば、PAマンとしては十分だと言えるのです。そこで、早速、電気について学習しましょう。

　一般に電流は、大きく2種類に分けることができます。それは、"交流"と"直流"というものです。交流は周期的に電圧が変化する電流で、直流は電圧変化の無い電流を指します(図①)。

　交流は別名AC(Alternating Current)とも呼ばれ、PAシステムではほ

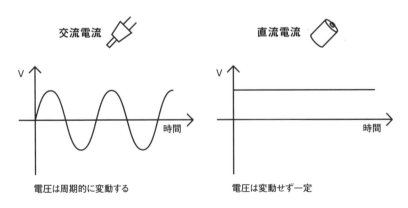

▲図① 交流と直流の違い

とんどの場合、交流を使用することになります。東日本であれば、東京電力の供給する100V（ボルト）／50Hzの電流が基本ですが、西日本では関西電力の供給する100V／60Hzが基本です。ご存じの方も多いでしょうが、日本では富士川を境に東は50Hz、西は60Hzと分かれていますが、この"Hz"が電圧の変化する周期を表しています。PART1で説明した音と同様に、1秒間に50回の周期で変動する電流が50Hz、60回の周期で変動する電流が60Hzということですね。

一方の直流はDC（Direct Current）とも呼ばれ、乾電池の類はDC1.5Vというのが一般的。ギター用のコンパクト・エフェクターなどで使用する、角型乾電池（006P）はDC9Vです。また、携帯電話ですっかりおなじみのリチウム・イオン電池はDC3.8Vですよ。

▲単3乾電池

▲角型乾電池

02 ▶ オームの法則

オームの法則はとても有名ですよね。中学校のときに習ったと思います。

電圧：E　単位　V（ボルト）
電流：I　単位　A（アンペア）
抵抗：R　単位　Ω（オーム）

この3つの要素の関係を、式で表したものがオームの法則です（それぞれの言葉の説明はすぐ後でしますので、まずは式をながめてみてください）。

E＝IR または I＝E/R

または R＝E/I

　これは、電気の基本の式ですから必ず覚える必要があります。

　なお、この式は直流のときのものです。しかし、私たちPAマンはほとんどの場合、交流信号を取り扱うのです。ですから交流でのオームの法則の式を、一般のオームの法則として覚えましょう。では、交流でのオームの法則は、どのようなものでしょうか？

電圧　　　　　：E　　単位　V（ボルト）

電流　　　　　：I　　単位　A（アンペア）

インピーダンス：Z　　単位　Ω（オーム）

　交流の場合は、この3つの要素の関係を式で表したものになります。

E＝IZ または I＝E/Z

または Z＝E/I

　直流と比べてみると、抵抗がインピーダンスに変わっただけで、全く同じことが分かりますね。

　では、ここからは言葉の説明を簡単にしていきましょう。

■電圧

　電圧とは、電気の圧力、電気の強さのことです。よく例えられているように、ダムに蓄えられた水の水圧に似ていると言えるでしょう。水の量が多ければ放出されるときの流れが強くなるように、電圧が高ければ流れる電流も多くなります。ただし、オームの法則を見れば分かるように、抵抗（またはインピーダンス）が高ければ電圧が同じでも流れる電流は少なくな

ります。

　また、電圧は0Vを中心にしてプラスとマイナスがありますが、エネルギーの向きが逆なだけで圧力、強さは変わりません。そして一般的には、0Vの場所をアースと言います。アース(Earth)すなわち地球が0Vです。

　家庭用の壁コンセントは、100Vの電圧です。コンセントをよく見ると2本の溝があり、そこにACコードを差し込んで電気製品を使用していますね。そこで、もう一度よく溝を見てください。長い溝と短い溝がありませんか？（図②）

　なぜ、そんな区別があるのでしょう。実は、長い方の溝が地球につながっているのです。そして、地球につながっている方をグランド側(Ground)またはアース側(Earth)と呼び、短い方をPAではホット側(Hot)と呼んでいますが、照明や楽器ではL側(アメリカではLive、イギリスではLine)と呼んでいます。そして、グランド側は0Vですから触っても感電しませんが、ホット側には100Vの電圧がかかっているので感電してしまいます。ただし、工事の都合などで短い方がグランドになっている場合もありますので、無闇に触るようなことは絶対にしないでくださいね。AC100Vと言っても交流の場合は実効値ですので、最大値はAC100V×√2倍＝141.4Vとなっています。くれぐれも、触って感電事故を起こさないようにしてください。

　また、アメリカはAC117V(AC120V)、韓国、イギリス、ヨーロッパではAC220Vや240Vが多く、ドイツやロシアの一部ではAC400Vの地域もあるそうです。海外製品などは、電圧が指定されている場合も多いので注

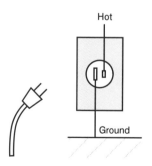

▲図②　日本の家庭用の壁コンセント

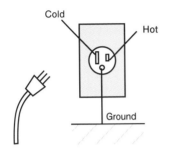

▲図③　3線式の壁コンセント

意が必要です。なお諸外国では、安全のため電源ケーブルは日本のような2線式ではなく、3線式で配線をしています(図③)。その場合は、長い溝側をPAではコールド(Cold)またはN側(Neutral)と呼び、短い溝側は同じくホット側またはL側(LiveまたはLine)、そして丸い穴がグランドでここがアース、大地の地球につながっています。

■電流

　電流とは、電圧のプラス側からマイナス側へ流れる電気の流れのことです。ダムの例で言えば、流れ出る水に相当します。

　この電流は直流の場合は常に一定方向ですが(図④)、交流の場合は、周期的に電圧が変化しているのは、既に述べた通りです。例えば50Hzのときは、1秒間に50回も電流の向きが変わって流れています(図⑤)。

　オームの法則を見ると、電圧と電流は比例していますので($E=IR$)、電圧が高くなれば電流も大きくなります。

■抵抗

　純抵抗は直流でも交流でも変わらない値を示しますが、インピーダンスは交流における抵抗値のことですから、交流における抵抗と考えても良いでしょう。つまり、周波数が変われば抵抗値も一緒に変化する性質がインピーダンスと考えられます。ダムの例で言えば、水路に設けられた水門と考えられるかもしれません。

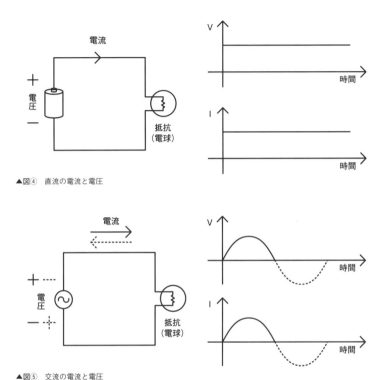

▲図④ 直流の電流と電圧

▲図⑤ 交流の電流と電圧

　電気回路では、抵抗値、インピーダンス値を持つ電気素子は、純抵抗、コイル、コンデンサーの3種だけです。純抵抗は交流／直流での値は変化しません。コイルは直流では0Ω、コンデンサーは直流では∞Ωのインピーダンス値を持ち、交流では各周波数ごとに異なるインピーダンス値を取ります。

■電力
　電気によってなされる仕事量のことを、"電力"と呼びます（略号はP）。例えば、スピーカーを鳴らしたり、電球を点けたり、ストーブを付けたりするにはエネルギーが必要です。このような、エネルギーを使用した仕事量が電力というわけです。そして電力は、電流と電圧の積として表されます。また、単位はW（ワット）です。

054　基礎知識編

P＝EI または I＝P/E

またはE＝P/I

　通称"壁コン"と言われる家庭用のACコンセントは、AC100V／15Aを出力できます。この壁コンから取り出すことができる電力は、いくらでしょう？　計算してみます。

P＝EI＝100×15＝1,500（W）＝1.5（KW）

　このように、家庭用のコンセントからは1,500（W）の電力が取り出せます。これは、スピーカーの入力電力やパワー・アンプの出力電力と同じ仕事量のことです。また、壁コンセントを使用するPAシステム、例えば学園祭の教室などでは、最大でも1,500Wまでの電力しか使用できないことが分かれば、この式を理解できたことになります。

03 ▶ 電圧や抵抗の接続

　電気の基礎知識を確認したところで、もう少し実践に即した計算にも慣れておきましょう。PAの現場では、単体の機器だけを使用してオペレートすることはまずありません。さまざまな機器を組み合わせて、PAをしていくわけです。ですから、電圧や抵抗の直列接続／並列接続を学ぶことは非常に重要なのです。

■電圧の直列接続／並列接続

　直流電源E1からEnまでの、直列接続のときの計算式は以下のようになります。

E＝E1＋E2＋E3・・・・・・＋En

E1～Enのそれぞれの電圧が異なっていても、すべての電池の電圧の足し算で求められます（図⑥）。

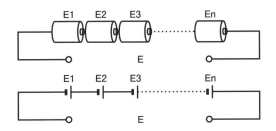

◀図⑥　電圧の直列接続

次に、直流電源E1からEnまでの並列接続のときの計算式は、以下のようになります。

$$E = E1 = E2 = E3 \cdots\cdots = En$$

この場合は、各電池の電圧は同じでないといけません。もし電圧が異なると、電池同士に電流が流れてしまい危険です（図⑦）。

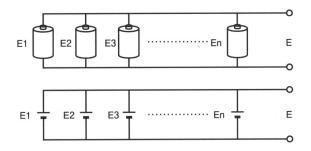

◀図⑦　電圧の並列接続

交流電源についても、基本的には位相が一緒の場合については同様に考えて問題ありません。しかし位相が異なる場合は、三角関数による合成式の計算になります。基本的には同じなのですが、普通には行いませんのでここでは省略します。まず、することは無いでしょう。

■キルヒホッフの第一法則

なお、電流には"キルヒホッフの第一法則"というものがあります。この法則は、"どんな複雑な経路を経ようが、入力電流の総和と出力電流の総和は等しい"というものです。考えてみれば当たり前のことなのですけどね。

$I = I1 + I2 + I3 \cdots \cdots + In$

キルヒホッフの第一法則の一部ですが、入った電流は出て行く電流と同じ量です。入った量だけ出ていく、ということです(図⑧)。

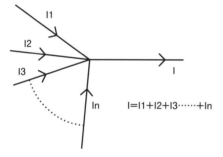

◀図⑧　キルヒホッフの法則

■抵抗／インピーダンスの合成

直列接続の場合、抵抗(R1からRn)またはインピーダンス(Z1からZn)の合成値は次式のようになります。

$R = R1 + R2 + R3 \cdots \cdots + Rn$
$Z = Z1 + Z2 + Z3 \cdots \cdots + Zn$

各抵抗(インピーダンス)が違っていても、すべてを足した値が合成値となります(図⑨)。

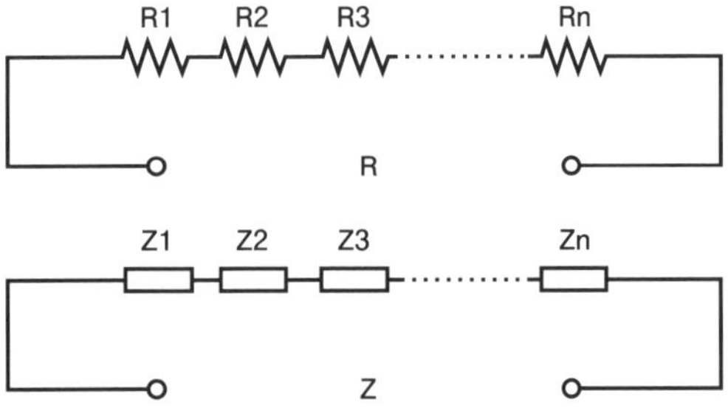

◀図⑨ 抵抗／インピーダンスの直列接続

　一方、並列接続の場合は、抵抗（R1からRn）またはインピーダンス（Z1からZn）の合成値は次式のようになります。

$$R = \cfrac{1}{\cfrac{1}{R1} + \cfrac{1}{R2} + \cfrac{1}{R3} + \cdots + \cfrac{1}{Rn}} \Rightarrow \frac{1}{R} = \frac{1}{R1} + \frac{1}{R2} + \frac{1}{R3} + \cdots + \frac{1}{Rn}$$

$$Z = \cfrac{1}{\cfrac{1}{Z1} + \cfrac{1}{Z2} + \cfrac{1}{Z3} + \cdots + \cfrac{1}{Zn}} \Rightarrow \frac{1}{Z} = \frac{1}{Z1} + \frac{1}{Z2} + \frac{1}{Z3} + \cdots + \frac{1}{Zn}$$

　各抵抗値（インピーダンス値）の逆数を足した値が並列接続の値の逆数です。この計算が一番面倒ですね？（**図⑩**）。

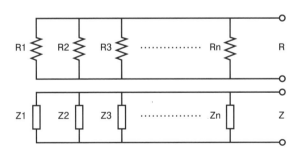

▲図⑩　抵抗／インピーダンスの並列接続

　この関係によれば、同じ値の抵抗／インピーダンスの直列／並列接続はこのようになります。

直列接続
R＝R1＋R1＝2R1
Z＝Z1＋Z1＝2Z1

これにより、同じ値の直列接続は2倍の値になることが分かります。一方の並列接続はどうでしょう。

並列接続

$\dfrac{1}{R} = \dfrac{1}{R1} + \dfrac{1}{R1} = \dfrac{2}{R1}$ これより R＝$\dfrac{R1}{2}$

$\dfrac{1}{Z} = \dfrac{1}{Z1} + \dfrac{1}{Z1} = \dfrac{2}{Z1}$ これより Z＝$\dfrac{Z1}{2}$

つまり、同じ値の並列接続は半分の値になることが分かります（図⑪）。

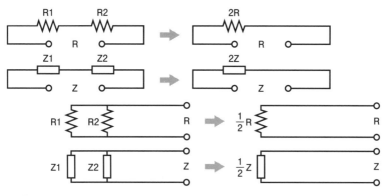

▲図⑪　同じ値の抵抗／インピーダンスの接続

　この2つの式の意味することは何でしょう？　実はPAシステムではよく出てくる、スピーカーのシリーズ（直列接続）やパラレル（並列接続）のときに、この式を理解していると大変便利なのです。難しいことを考えなくても、シリーズなら2倍、パラレルなら半分というように、簡単にインピーダンスの計算ができてしまいます。

①スピーカー2つをシリーズ接続して、その2つをパラレル接続する（図⑫）

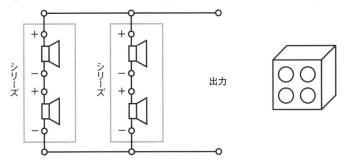

▲図⑫　スピーカーの接続方法（その1）

②スピーカー2つをパラレル接続して、それぞれをシリーズ接続する（図⑬）

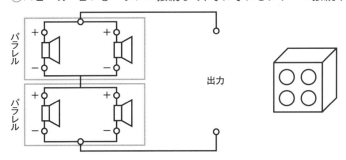

▲図⑬　スピーカーの接続方法（その2）

　では、ここでインピーダンス8Ωのスピーカーを4つ入れ、インピーダンス8Ωのスピーカー・キャビネットを作ろうとしたときのことを想定しましょう。丁度、Marshallのギター・アンプのスピーカー・キャビネットのようなものを想像してください。
　①②共に、電気回路的には間違ってはいません。でも、PAマンは次ページの図⑭のようなシンプルな回路図にして記入します。そして実際に接続する場合は、②のような方法を採ります。
　なぜかと言いますと、真ん中の太い線が重要なのです。この線は、"イマジナリティ・アース（仮想ゼロ電位）"と呼ばれています。そしてこの線が無いと、スピーカーが1つ壊れて断線した場合に、シリーズに接続して

いるもう1台のスピーカーも音が出なくなってしまうのです。

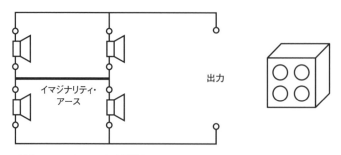

▲図⑭　PAマンによるシンプルな回路図

　PAの現場では、本番中に音が無くなったりすることを避けなくていけません。ですから1つが断線して故障しても、イマジナリティ・アース線により4発中3発の音は出せる。そのことが大事、という発想です。どうです？　現場重視の姿勢を感じませんか？

■実際の現場のシミュレーション
　ここで、実際の現場での例を確かめましょう。
　モニター・スピーカーのZ＝8Ω（インピーダンスは変わらないとします）で、モニター・アンプが1200Wだとします。このとき、モニター・スピーカーの両端の電圧と、流れ込む電流を計算しましょう（図⑮）。

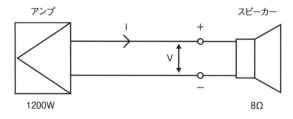

▲図⑮　8Ωのスピーカーを1200Wのアンプで駆動する場合

　まず、思い出してほしいのは、"P＝EI"という式です。この式の"I"に、"I＝E/Z"を入れて計算していきます。

P＝E・E/Zにより、E＝√PZ に数値を入れると
E＝√1200×8＝√9600≒98(V)

ここでI＝E/Zでしたから、また数値を入れると
I＝98/8＝12.25(A)となります

　これによりモニター・スピーカーには、壁コンの電圧に近い約98Vで12.25Aの電流が流れていることが分かりました(図⑯)。

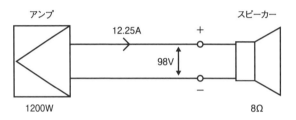

◀図⑯　モニター・スピーカーには98V/12.25Aの電流が流れている

　またここで、"P＝EI"に計算の結果を入れれば、P＝98×12.25＝1200(W)になりますね。
　この結果、スピーカーのコネクターには98Vの電圧がかかってますから、野外現場のときに雨に濡れている手で触れば、もちろん感電しますので、注意が必要です。
　電気は電圧、電流、インピーダンス(抵抗)、電力ですべてが計算できますのでしっかり覚えましょう。スピーカーケーブルにはこの計算式で分かるように高電圧、大電流が流れています。

04 ▶ アースについて

"電気の基礎"の最後に、アースについて触れておきましょう。PAの場合はアースと言えば、感電を防ぐための"保安アース"と、ノイズを防ぐためのアースの2種類があります。どちらも非常に大事なものなので、しっかり身につけてください。

■保安アース
①地面が0V

まずは、日本における電気の送り方を見てみます。発電所で作られた電気は送電線を伝って送られてくるわけですが、この場合、送電線には+の電気だけが送られていて、-の線は地面を利用しています(図⑰)。つまり地面が0Vで、そことの電位差で電圧が決まってきます。発電所からは十数万Vもの電位差で送電しますし、電柱から家庭に引かれている電線では

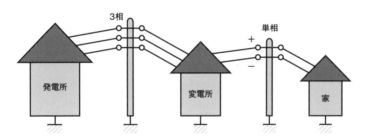

▲図⑰ 日本の送電方式

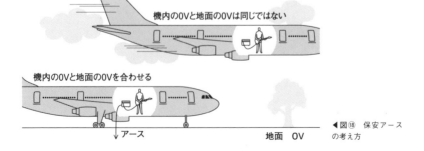

◀図⑱ 保安アースの考え方

100Vの電位差がある、ということですね。こうしたことから、0Vの地面を"Earth"と呼ぶわけです。

　もちろん地面から浮いたところでも、電圧を得ることは可能です。例えば飛行機の中で100V仕様のギター・アンプを鳴らした場合、機内の発電機で作った100Vの電気を利用していることになります。ただし、ここでの0Vが地面の0Vと同じではないというのが、問題となってくるのです（図⑱）。そしてこの例で言えば、飛行機が着陸して機内の0Vを地面の0Vに合わせることを、"保安アース"と呼んでいます。

②0V同士の電位差

　ではもう少し具体的に、ホールでのコンサートを例に考えてみます。既に見たように、日本の場合は2線式で電気を送っていますから、アース線は－線と共有となっています。そのため、PA席で取ったアースと、ステージで取ったアースはつながっている、という状態になっているのです（図⑲）。しかも、アースと－が共有ということで、線には電気が流れている。つまりは、アースを取る場所によって電位差が生じている、ということになります。違う取り口から取った電気同士が、0Vがアースでつながっているのにかかわらず、電位差があるわけですね。

　これにより、どんなことが起きるのでしょうか？　例えば、ボーカリストがギターも演奏するような場合。ステージの0VとPA席の0Vの電位差が、ギター・アンプとボーカル・マイクで露わになり、ギターを弾きながらマイクに触れるとバチっと来るわけですね（図⑳）。日本は100Vですから感

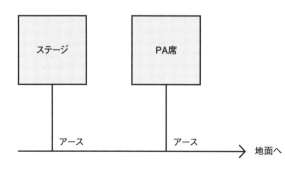

◀図⑲　PA席とステージのアースはつながっている

▲図⑳　ボーカリストがエレキ・ギターを弾くと……

▲3P→2Pの変換プラグ（通称ブタッパナ）の使用は注意！

電しても数mAの電流が流れるだけなので、滅多に死んでしまうことはありませんが、ドイツなどは400Vですから非常に危険です。そういった理由で、海外アーティストはアースについては非常に敏感ですね。アースの付いていない楽器があれば、マネージャーは絶対にステージに上がらせないほどです。でも、実際に有名ミュージシャンが感電死している例もあるので、当然と言えば当然の感覚と言えるでしょう。

　さて、感電を防ぐためにはどうしたら良いかと言いますと、今の例で言えばギター・アンプの本体からアースを取ることが一番です。ジャックなどからワニ口でアース線を引っ張り、アースに落としてあげる。これは要するに、3線式を臨時に採用しているという形になります。海外では3線式が採用されているのですが、この方式の良いところは、アース線に電気が流れていないので、必ず0Vに保たれているというところなのです。

③2Pと3P

　アースを取る場合に注意したいのが、3Pの端子を持つ海外製品がPAシステムに混在する場合です。こういった機材は、基本的には3Pのまま電源の取り口までつなげる必要があります。よく3P対応の電源タップで、プラグが2Pという製品がありますが、1個所でも2Pの部分があるとアースが浮いてしまうので注意が必要です。

　3Pで最後までつなぐことができれば、機械のボディがアースにつながっ

ていることになり、たまった電荷が地面に流れてくれます。そのため、感電を防げるわけですね。2Pの場合ですと、機械の内部はアースにつながっていますが、ボディはアースに落ちていません。ですから、電気が流れると磁気作用のために、ボディに帯電してしまうのです。日本製品であればボディに帯電することはまず無いのですが、海外製品を使う場合は気を付けてください。

■ノイズを防ぐためのアース

　PAの現場でつきもののトラブルと言えばノイズが筆頭に挙げられますが、このノイズも、アースを取ることで防ぐことができます。例えばシールド線などは、外側のシールドが地面に落ちることでノイズ対策としています。要するに、磁気シールドでアースを取るということですね。ノイズ防御のアースは、ケーブルも電気回路も同じものと考えて良いでしょう。

①アース・ループとは？

　"ジー"とか"ブー"といったノイズの原因としてまず考えられるのは、"アース・ループ"という現象です。次ページの図㉑と図㉒も参照しながら、以降を読んでください。例えばギター・アンプ、PA席、モニターのアースを取っていたとします。そこでさらにベース・アンプのアースを取ったら、ノイズが起きてしまった（図㉑）。そのため、ベースのDIとモニターが近いのでつないだとします（図㉒）。このため、1つのループが生じてしまい、しかも各ポイントの電位差によって電気が発生し、磁力線の影響で全部の機械にノイズが乗ることになってしまう。これが、アース・ループです。

　対策としては、この場合であればDIに備えられている"グランド・リフト・スイッチ"を入れることで、ループを切ってしまうのが一番です。しかし、実際の現場ではマイクが5～6本、ベースとキーボードがDIを通り、ギター・アンプが2台、モニター・アンプが4台、それにパワー・アンプとコンソール……となると、どこでループが生じているかは分かりません。しかも、日本の場合は2線式ですから、仮にコンセントに間違えて差している機材があったりすれば、そこでも電位差が生じているわけです。です

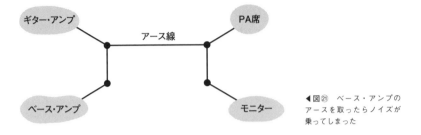

◀図㉑　ベース・アンプの
アースを取ったらノイズが
乗ってしまった

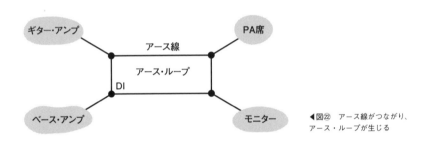

◀図㉒　アース線がつながり、
アース・ループが生じる

からノイズが出たら、とにかくどれかを抜いてみるとか、アースをカットしてみる、といった対処しかできないのが現状です。ですからせめて、電源の極性は合わせて入れておくのがプロとしてやっておくべきことと言えるでしょう。電源ケーブルにはコールド側に線が入っていたり、▲印が入っているので、すぐに判別できます。そのホット側とコンセントのホット側をつなげるのが、ここで言う電源の極性合わせです。ただしまれに工事の手違いなどで、コンセントのホット／コールドが反対になっている場合もあることは、覚えておきましょう。

②1点アースでノイズを回避

　アース・ループを避けるためのシステマティックな方法としては、"1点アース"というものがあります（図㉓）。アースを取る場所を1個所に決めてしまえば、ループを起こすことはありませんから、これは確かに有効な方法と言えるでしょう。この場合、アースを落とす場所は電源の取り口を使うのがお薦めです。一般に、PA席の電源を取っているところと思っ

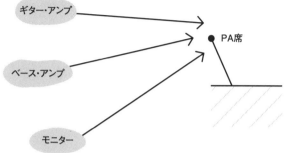

◀図㉓　1点アースの考え方

てください。電源の取り口は1個所にして、そこからパワー・アンプ、モニター・アンプ、楽器、メイン・コンソール、モニター・コンソールへ電源を引き、ギター・アンプのジャックもワニ口でつなぐ。これにより、1点アースが実現されます。

　これは要するに、最終的にはどの機材も3本の線でつないでいる、という状態ですね。ただ、実際にはベースのDIでループが生じてしまったりと（図㉔）、完全な1点アースを実現するのはなかなか難しいと言えます。そのため、全チャンネルにアース・リフト・スイッチが装備されたマルチボックスといった製品が、威力を発揮したりするわけです。少し大きな会場であれば、今はマルチボックスを使ったり、スプリッターを使うのが当たり前なので、全チャンネル独立にアース・リフトができれば、アース・ループを防ぐことがたやすいのです。

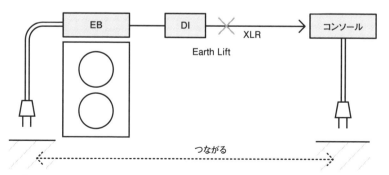

▲図㉔　ベース・アンプとDIによるループ

PART 3
電気音響機器

01 ▶ 音響的振動と電気回路

　マイクロフォンやスピーカーのような音響機器は、一般に音響的および機械的な振動を電気的量の変化に換えたり、反対に電気的な量を機械的な音響的振動に換える機構からできています（図①）。

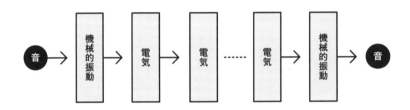

▲図① 音響機器の機構

　そして機械的振動、音響的振動と電気回路の間で波形の相似を保って、前者のエネルギーを他方のエネルギーの量に換えるものを"電気機械変換器"または"電気音響変換器"と呼びます。しかし電気音響変換器は、電気回路と音響振動系との間を直接変換するのではなく"電気信号↔機械振動↔音響振動"の変換をするのが一般的なエネルギー変換です。ですから、この変換については電気機械変換器について考えればいいのです。

　電気機械変換器は、変換の方向により2つに分類できます。
● 機械電気変換器
　機械振動を電気振動に変換するもの。主にマイクロフォン。
● 電気機械変換器
　電気振動を機械振動に変換するもの。主にスピーカー。
　またコンソールやアウトボードなど、電気エネルギーを専門に扱い、振

動の変換を行わない機器も存在します。

この章では、こういった電気音響機器のうち、PAでよく使用するものについて、作動原理や使用法を含めて解説していきます。

02 ▶ マイクロフォン

空気の疎密の波の振動を機械振動に変換し、さらにそれを電気信号へと変換するのがマイクロフォン（マイク）の役割です。ですからマイクには音圧を受ける部分があり、そのエネルギーによって機械振動が電気振動に変換され電気出力を発生する、というメカニズムとなっています。

■マイクの分類

まず、機械振動系の駆動力の受け方でマイクは2種類に分類ができます。
●圧力マイクロフォン

マイクの置かれた場所の音圧に比例した駆動力を受け、電気出力を発生させるタイプのマイク。
●圧力傾度（速度）マイクロフォン

マイクを置く場所での、圧力の変化の傾きに比例した駆動力を受け電気出力を発生するもの。圧力傾度は媒質の粒子速度に比例するので、速度マイクロフォン（ベロシティ型）とも呼ばれています。

次に、マイクは指向性によって分類することも可能です。指向性とは、音がマイクにどの方角から到着するかによってその感度が変わるか、変わらないか、ということです（詳しくはP75）。
●無指向性マイクロフォン

単独の圧力マイクロフォンは本質的に指向性を持ちません。
●指向性マイクロフォン

指向特性の形によって、幾つかの指向性マイクロフォンに分けられます。圧力傾斜マイクロフォンは、本質的に指向性マイクロフォンです。

さらには、機械振動系から電気発生の変換機構の種類による分類の方

法もあります。

●電磁形変換機構のマイクロフォン

　ダイナミック・マイクロフォン（ムービング・コイル）やリボン・マイクロフォンなど。機械振動から変換する機構が、電磁変換機構や磁気ひずみ変換機構を採用しているマイクロフォンもあります。

●静電形変換機構のマイクロフォン

　機械振動を静電変換するコンデンサー・マイクロフォンや、電荷が常に現れるようにしたエレクトレット・コンデンサー・マイクロフォンもあります。

●その他

　機械振動を圧電作用で変換する機構を採用しているクリスタル・マイクロフォン、セラミック・マイクロフォンなどもあります。

　機械振動を抵抗の変化で変換する機構の炭素マイクロフォンや、熱による変換機構の熱線マイクロフォンもありますが、実用的ではないですね。

　PAの現場では、"単一指向性のダイナミック・マイク"や"単一指向性のコンデンサー・マイク"を使用することが一般的です。そこで、"ダイナミック・マイク""コンデンサー・マイク"そして"指向性"について、もう少し詳しく見ておきましょう。

■ダイナミック・マイクロフォン

　ダイナミック・マイクの構造は、簡単に言って図②のようになっています。図からも分かるように、ボイス・コイルを持つ振動板（ダイアフラム）が音波で振動することで、電磁誘導作用により音圧に比例した電気信号を生じさせます。コイルが動くことから、"ムービング・コイル型ダイナミック・マイクロフォン"とも呼ばれます。

　この方式は駆動用の電源を必要としませんし、比較的丈夫、温度や湿度の影響を受けにくく動作が安定している、といった特徴があります。ですから、PAの現場では非常に多く使用されているのです。中でもSHURE SM58、SM57、Beta57A、Beta58、SENNHEISER MD421-Ⅱは、現場で

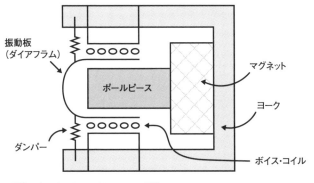

▲図② ダイナミック・マイクロフォンの構造

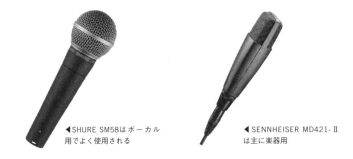

◀SHURE SM58はボーカル用でよく使用される

◀SENNHEISER MD421-Ⅱは主に楽器用

よく見かけるモデルとなっています。

■コンデンサー・マイクロフォン

　コンデンサー・マイクは、対向する2枚の電極間の電荷の変化を、電圧の変化として出力を取り出します。この際、片側の電極を振動板（ダイアフラム）として、他の電極を背極板としています。また、ダイアフラムをボイス・コイルに接合しないで済むため、ダイナミック・マイクに比較すると周波数特性に優れ、感度も良いのが普通です（次ページの図③）。

　ただし、感度を上げるために振動板と背極板の間はとても狭くしてあるので（通常0.01〜0.05mm）、振動や衝撃、湿度の変化に弱く、取り扱いや保管には注意が必要となります。また駆動には電源が必要なので、現場によっては使用できない場合も出てきます。なおこの電源は"ファンタム電源"と呼ばれるもので、コンソールやマイク・プリアンプからXLRケー

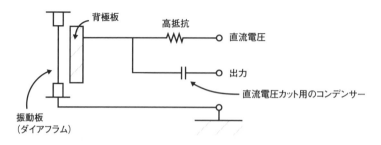

▲図③　コンデンサー・マイクロフォンの構造

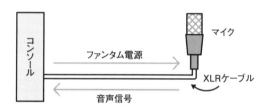

▲図④　ファンタム電源はXLRケーブルで供給される

ブルで供給するのが一般的です(図④)。

　実際のモデルとしては、PAではAKG C414、C451、SHURE Beta91などをよく使用します。また、PAではあまり使用されませんが、NEUMANN U87はとても有名なモデルなので覚えておいて損は無いでしょう。レコーディングでは、ドラムのシンバルやハイハットといった金物系から、ピアノやアコースティック・ギターといった楽器類、ア・カペラ・グループのコーラス用、もちろんボーカル用にも重宝しますし、レコーディング

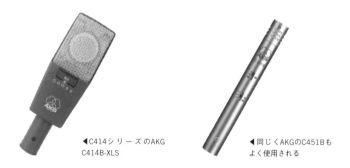

◀C414シリーズのAKG C414B-XLS

◀同じくAKGのC451Bもよく使用される

や放送での拍手や歓声の収録時のノイズ・マイク(エアー・マイク)としても使用されるなど、スタンダード的なモデルとなっています。

　なお、コンデンサー・マイクの振動板を高分子化合物の膜で作り、常時帯電させておくエレクトレット型のコンデンサー・マイクも存在します。こちらは構造も簡単で製造コストも安く、民生機にとても多く使用されています。

■ワイヤレス・マイク

　マイクロフォンはマイク・ケーブルを経由して音声信号を伝えるので"有線マイク"と呼ばれますが、ワイヤレス・マイクはワイヤー(ケーブル)が無い(レス)マイクの総称でアメリカでは"ラジオ・マイク"、イギリスでは"ワイヤレス・マイク"と呼ばれています。ケーブルの代わりに電波(電磁波)を使用して音声信号を伝えます。ですのでマイクのほかに送信機(トランスミッター)と受信機(レシーバー)が必要です。

　総務省により電波は管理されていて、免許の必要な特定ラジオ・マイクTVホワイト・スペース帯(470MHz～710MHz)は、アナログ方式が10mW、デジタル方式が50mW。特定ラジオ・マイク専用帯(710MHz～714MHz)も、アナログ方式が10mW、デジタル方式が50mW。公共的なレーダーとの共用帯(1,240MHz～1,260MHz ※1,252MHz～1,253MHzは除く)は、アナログ方式が50mW、デジタル方式が50mW。免許の不要なB型(806MHz～810MHz)は送信出力10mW以下とPAではほとんど使用しない免許の不要なC型(322MHz帯)は送信出力1mW以下といった種類の電波が使用されて

▲SHUREのデジタル・ワイヤレス・システム AXT Digital

▶SENNHEISERのアナログ・ワイヤレス・システム3000/5000シリーズで使用されるボディ・パック型送信機SK 5212-Ⅱ

▲SONYのデジタル・ワイヤレス・システム。写真左はハンド・カプセル交換型のマイクDMW-02Nにカプセル・ユニットCU-C31を装着したもの。中央はワイヤレス・レシーバーDWR-R03D。右はワイヤレス・トランスミッターDWT-B01N

います。使用する電波により同時使用できる本数、到達距離、高周波の知識等の高度な専門知識が必要となります。送信部分はマイクロフォンと送信機(トランスミッター)に分かれていてハンド・タイプはそれらが一体化しています。またミュージカル等で使用されるピン・マイク、ヘッドセット・マイク・タイプは分離しています。近年デジタル技術の進歩によりデジタル・ワイヤレス・マイクも普及してきました。

①デジタル・ワイヤレス・マイク

　最近では妨害電波に強くお互いの使用距離が短くても同一周波数を使用できるデジタル・ワイヤレス・マイクが開発普及してきています。チャンネル構成がアナログ・ワイヤレス・マイクより同一エリアで多く使用できるのですが、場所によって条件が変わります。また、B帯では10波同時使用が可能となりました。コンパンダー方式を使用しなくて良いので音質の向上も図れますし、また盗聴も避けられます。しかし開発費や専用の使用デバイスの価格が高く、1波あたりの商品価格も高くなります。さらに使用時動作電力が多く、電池の消耗が激しくなり、レイテンシーも発生するという一面もあります。そのために使用が制限される場合が起きることがあります。

②イヤモニ(インイヤー・モニター)

　イヤー・モニターには有線と無線(ワイヤレス)があり、近年の動きのあるコンサートでは主に無線(ワイヤレス・インイヤー・モニター／IEM)を

◀SHUREのパーソナル・モニター・システムPSM1000

▶SENNHEISERのインイヤー・モニター送信機SR2050（写真）、受信機（EK2000IEM-JA）、混合器AC3000

多く使用しています。従来の床置き型のモニター・スピーカーより自由にステージ上を動き回ってもモニター環境に変化が無く微妙な音作りや繊細なバランスも要求する事が可能になりました。しかしハウリングが起きると直接耳や脳へのダメージが強いので、慎重な取り扱いとモニター・ミキシング・テクニックが要求されます。デジタル・ワイヤレス・マイク、デジタル・ワイヤレス・インイヤー・モニターとを併用することによってレイテンシーが多くなり、演奏にズレが生じそれが目立つようになると使用不可能な状況も生まれます。

■指向性

　マイクへの音波の入射角度に対する感度の変化のことを、"指向性"または"指向特性"と呼んでいます。この指向性を表す場合は、周波数を一定とし、振動板に直角でマイクの前方に当たる方向を0°として図にします。マイクによっては、さまざまな指向性を選択できるモデルもあります。その場合は、指向性を変更すると周波数特性も変化することを覚えておきましょう。

①無指向性（オムニ）

　すべての方向の感度が等しい指向性を、"無指向性"と呼んでいます（図⑤）。構造的には、振動板の後ろが密閉された場合にマイクは無指向性となります。こういった特性を持つマイクの用途としては、街頭インタビュー、野外収録、波の収録、コンサート会場でのノイズ・マイク、クラ

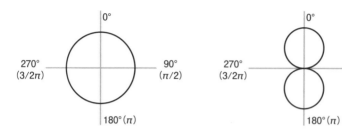

▲図⑤　無指向性のポーラー・パターン　　　　▲図⑥　双指向性（両指向性）のポーラー・パターン

シックの録音など、さまざまなものが考えられます。しかしハウリングを伴うPAの現場では、ほとんど使われません。無指向性は不要なスピーカーからの出力も集音してしまうので、ハウリングを起こしやすいからです。ですが、「無指向性のマイクを使いこなせるようになったら一流」と言われるくらいに、奥の深い特性なのです。

②双指向性（両指向性／フィギュア・エイト）

　前後の感度が等しく、真横からの感度がゼロの指向性を"双指向性"または"両指向性"と呼びます（図⑥）。これは、振動板の後ろが開いている構造のマイクに見られる指向性です。ラジオや放送番組の対談で合い向かって話したりするときには、とても臨場感があふれた音が収録できます。しかし、PAではこのタイプの特性も、あまり使用することはありません。

③単一指向性（カーディオイド）

　前面の感度が一番高く、横からの感度は少なく、真後ろの感度はゼロというのが"単一指向性"の特性です（図⑦）。振動板の後ろに音波を導入する穴を開け、そこから到達する音波と前面からの音波との間に生じる時間差を利用して、単一指向性の特性は作られています。

　一般のPA用のマイクは、ほとんどがこのタイプの特性ですね。PAの現場ではハウリングと"かぶり"を極力少なくするために、単一指向性が多用されているわけです。しかし、取り扱い方法を間違えると指向性が変わってしまい、当初の目的の音にならない場合もあります。例えば、マイクの

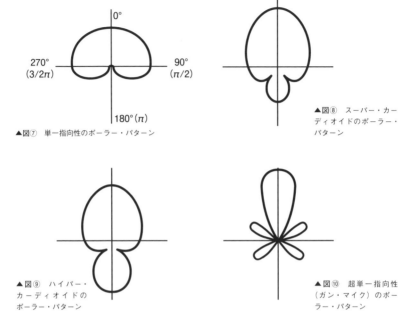

▲図⑦　単一指向性のポーラー・パターン

▲図⑧　スーパー・カーディオイドのポーラー・パターン

▲図⑨　ハイパー・カーディオイドのポーラー・パターン

▲図⑩　超単一指向性（ガン・マイク）のポーラー・パターン

　ヘッドを握って歌うボーカリストをよく見かけますが、これは非常に危険です。というのも、マイク後部の音波導入口をふさぐことになるので、マイクの特性が無指向性に近づいてしまうのです。指向性はもちろん周波数特性も乱れますので、注意が必要となります。

　ほかに単一指向性よりも鋭い指向性を持ったスーパー・カーディオイド（図⑧）、ハイパー・カーディオイド（図⑨）、超単一指向性（ガン・マイク／図⑩）もあります。これらは後面にも感度があるためPAではハウリングに注意しなくてはなりません。

　また、指向性のあるマイクに音源が近づくと低音域の感度が上昇するのですが、このような現象を"近接効果"と呼んでいます（図⑪）。実は、ボーカル用のマイクの多くは、設計時にこの効果を計算して製造しているのです。ですので、ボーカル・マイクを使用するときは適正な距離（普通はオンマイク）で使用してください。そうしないと、低域がスカスカで人の声っぽくない音になってしまいますからね。

なお、SENNHEISER MD421-Ⅱ、MD441-Uは単一指向性のマイクですが、近接効果が少なくなるように設計されています。こういった製品であれば、近接効果を折り込んだマイク・セッティングは不要になるわけです。

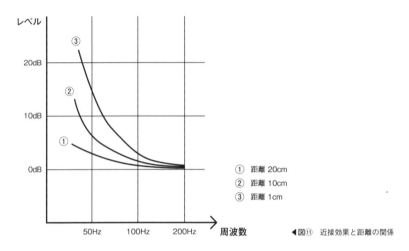

◀図⑪　近接効果と距離の関係

03 ▶ スピーカー

　スピーカーはダイナミック・スピーカー、コンデンサー・スピーカー、圧電型スピーカー等の種類がありますが、PAではほとんどの場合ダイナミック・スピーカーを使用します。

■ダイナミック・スピーカーの構造

　ダイナミック・スピーカーには大きく分けて、コーン・タイプとホーン・タイプの2種類があります(図⑫)。図のように、構造はほとんどダイナミック・マイクと同じなのですが、その動作はマイクとは全く逆です(当然ですが)。磁気回路に置いたボイス・コイルに電気信号を流し、それが機械振動に変換され、音のエネルギーとして取り出される、という仕組みになっています。

　なおホーン・タイプは、中音域や高音域に使用されるのが一般的です。ホーンと、駆動部分のドライバーに分かれているのが分かりますね。また、

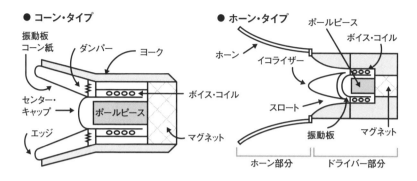
▲図⑫　コーン・タイプとホーン・タイプの構造の違い

　高音は波長が短いために、振動板の中心と端では位相差が生じてしまいます。そのため、イコライザーを装着して位相差を改善しているのが特徴と言えるでしょう。
　ダイナミック・スピーカーの公称インピーダンスは8Ωですが、これは最低共振周波数を超えて、最初に極小になる値を言います。またインピーダンスが16Ωや4Ωのモデルも存在しますが、こういった製品は複数で使用する場合を考えて、インピーダンスが設計されていると考えてください。
　では、以下にダイナミック・スピーカーの箱（エンクロージャー）についてより詳しく見ていくことにしましょう。

■エンクロージャー
　"エンクロージャー"は、スピーカー・ボックスやスピーカー・キャビネットとも呼ばれています。要はスピーカー・ユニットの収まっている箱のことですが、なぜこのようなものが必要なのでしょう？
　コーン・タイプを例に説明してみましょう。このタイプでは、コーン紙の前と後ろでは逆位相の音が放射されています。ですからスピーカー・ユニットで音を聴くと、コーンの後ろの音が前面に回って前の音を打ち消してしまうのです（図⑬）。この逆位相の現象は、周波数が低いほど顕著に現れます。こういったことを防ぐために、ユニットにはまず"バッフル"が必要になるのです。

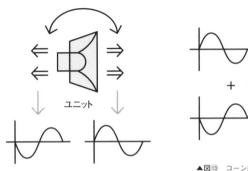
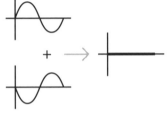

▲図⑬　コーン紙の前と後ろの音は位相が逆！

①平面バッフル

　スピーカー・ユニットを取り付ける板を、"バッフル板"と呼びます。コーン紙の後ろから放射される音は、バッフル板で前面へ回ることを妨害されるわけですね。「音について」の"回折"（P32）で学んだように、1/2波長以上のバッフル板にユニットを取り付ければ、その周波数までの低域は再生が可能です。例えば100Hzであれば、波長が3.4mですから1.7mのバッフル板が必要になる、ということですね。しかし、これでは左右上下では3.4m四方にもなり、実用的ではありません（図⑭）。

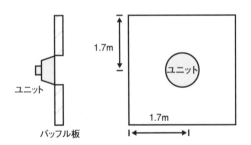

◀図⑭　100Hzまで再生可能な平面バッフル

②後面開放型エンクロージャー

　そこで、平面バッフル板を折り曲げて実用的な大きさにしてみます。これが、"後面開放型エンクロージャー"です（図⑮）。しかし、まだまだ後ろの音が回り込みますので、低音の再生にはかなり無理が生じます。ギター・アンプなどは、それほど低音が必要ではないのと真空管の熱を逃がす目的でこういった方式を採用している場合が多いですね。FenderのTwin

ReverbやRoland JC-120などが有名です。

③密閉型エンクロージャー

　後ろの音の影響を避けるためには、後ろ側に蓋をしてしまえばいい。そんな考えで作られたのが、"密閉型エンクロージャー"です（図⑯）。確かにこのタイプであれば、スピーカー・ユニット自体で再生可能な低音をきちんと出すことができるようになります。しかし、残念ながら"これで万事OK"とはいかないのです。

　というのも後ろから出た音は、密閉した裏蓋で圧力がかかってしまいます。ユニットのコーン紙が後ろに移動すると、エンクロージャー内部の空気圧が高くなってしまうわけですね。これによりコーン紙の正しい動きが阻害され、きちんと音が再生されなくなってしまいます。また、最近よく見かける高出力のパワー・アンプで駆動した場合、コーン紙の背面圧力でエンクロージャーが膨張し、その影響で音が歪んでしまうのです。それに加えエンクロージャー内で音の反射も増えるので、その影響を抑えるためにグラスウールのような吸音材を入れる、といった対策が必要になってきます。

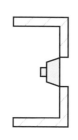
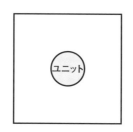

◀図⑮　後面開放型エンクロージャー

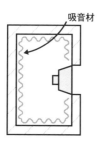
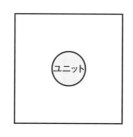

◀図⑯　密閉型エンクロージャー

④バスレフ型エンクロージャー

　背面圧力の影響を避けるために裏蓋を開放してしまっては、後面開放型エンクロージャーになってしまいます。そこで、ユニットを取り付けてあるバッフル板に穴(ポート)を開けるという、"バスレフ型(バス・レフレックス型)"と呼ばれる方式が考え出されました(**図⑰**)。

　これは、ユニットの後ろから出る低音の位相を逆にして、ポートに取り付けた筒を特定の周波数で共振させ、ユニット前面と位相を合わせて送り出すというメカニズムになっています。密閉型エンクロージャーに付けたユニットよりも低い周波数を再生可能ですし(**図⑱**)、再生能率も良いのが特徴です。大音量を必要とするPAスピーカーには、よく採用されています。

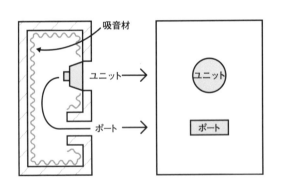

◀図⑰　バスレフ型エンクロージャー

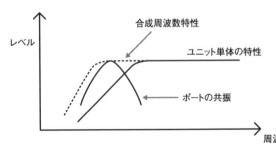

◀図⑱　バスレフ型は低域の再生に優れる

⑤ホーン・ロード型エンクロージャー

　スピーカー・ユニットをバッフルに取り付けるのではなく、ユニットの前にホーンを付けるタイプのスピーカーも存在します。低音用のホーンを前面に付けたタイプを"フロント・ロード・ホーン型エンクロージャー"と呼び(図⑲)、後面に付けたタイプを"バック・ロード・ホーン型エンクロージャー"と呼んでいます(図⑳)。

　では、なぜわざわざホーンを取り付けるのでしょう？　実は、ホーンを取り付けることによりユニットの開口面積よりも大きな面積が得られ、低音の放射音率が大きくなるのです。能率が良く、指向性も強く再生することが可能、というわけですね。バスレフ型と組み合わせたホーン・ロード型のエンクロージャーも、PAではよく使用されています。

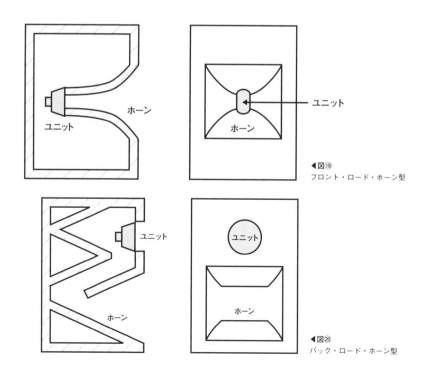

◀図⑲
フロント・ロード・ホーン型

◀図⑳
バック・ロード・ホーン型

⑥トーン・ゾイレ(カラム・スピーカー)

"トーン・ゾイレ"は、同種類のユニットを縦に数個配置したエンクロージャーです。単体のときよりも垂直方向は指向性が狭くなります(図㉑)。学校の体育館や小ホールの正面によく設置されているので、見たことがあるのではないでしょうか。

実はこの理論は今でも生かされていて、流行りのフライング・スピーカーのラインアレイ・システムとして、現在主流になってます。

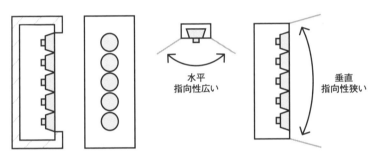

▲図㉑　トーン・ゾイレ型

■スピーカー・システム

スピーカー・システムとは、スピーカー・ユニットを1個から複数個をエンクロージャー(スピーカー・ボックス)に収納したものを指します。ここからはスピーカー・システムについて見ていきましょう。

◀Meyer SoundのLEO-M　　　　　　　　　　◀L-ACOUSTICSのK1

① フルレンジ・システム

　スピーカー・ユニットが1個のシステムで、8cmから20cmくらいの口径のユニットを使用します。音源が1箇所でユニットの材料も同じために再生音の定位や音質は良いです。しかし大音量の再生や低音、高音の再生は難しいです。

◀Meyer Sound MM-4XP

② 2ウェイ・システム

　低音用（ローまたはウーファー）と高音用（ハイまたはツィーター）の2個のスピーカー・ユニットのシステムです。低音用ユニットの口径で低音の再生限界が決定しますが、12cmから38cmが一般的です。フルレンジ・システムより音量の増大や低音域・高音域の再生が可能になる一方で、低音用ユニットと高音用ユニットの振動板の素材による違いでクロスオーバー・ポイント周波数付近の音質が異なることに注意が必要です。2ウェイ・システム以上ではクロスオーバー・ネットワークを使用します。

◀2ウェイ・システム採用のMeyer Sound UPA-1P

③3ウェイ・システム

　低音用(ローまたはウーファー)と中音用(ミッドまたはスコーカー)と高音用(ハイまたはツィーター)の3個のスピーカー・ユニットのシステムです。低音域から高音域まで大音量で再生できるのが利点です。中音用ユニットとしてコーン・タイプとホーン・ドライバー・タイプがありますが、ホーン・ドライバー・タイプの方がより大音量の再生が可能ですのでPAではほとんどがこのタイプです。クロスオーバー・ネットワークを使用して1台のアンプで再生することも可能ですが、PAでの使用では3台のアンプを使用するマルチアンプ駆動が常識です。

◀3ウェイ・システムを採用したJBL PROFESSIONAL VTX-V25

④4ウェイ・システム

　3ウェイ・システムにサブロー(Sub Low)・スピーカーを加えたシステム。重低音の再生能力を生かしロック・コンサートやドーム・クラス・コンサートで活用されましたが、現在、筆者が知る限りPA用の4ウェイ1ボックス・スピーカーのメーカー製品はありません。

◀4ウェイ・システムを採用したJBL PROFESSIONALの古いモデル4355(ただしこれは主にレコーディング用のモニタースピーカーとして使われている。PA用の4ウェイ1ボックス・スピーカーは現在著者が知る限り使用されていません)

■クロスオーバー・ネットワーク

　クロスオーバー・ネットワークとは特定の周波数を分割するフィルタのことで、単にネットワーク（エレクトロニック・ネットワーク・システム）ということも多いです。

　パワー・アンプは低音から高音までのすべての周波数帯域の信号を出力しています。この出力をマルチウェイ・スピーカー・システムにクロスオーバー・ネットワークを通さずに接続した場合は、低音の大きな信号電流エネルギーが高音用（ツィーター）ユニットに流れ、ボイスコイルを破損してしまいます。また低、中、高音ユニットに最適な周波数帯域を再生させるためには、余分な周波数帯域の信号を他のユニットで再生されないようにする電気回路が必要なのです。そこでクロスオーバー・ネットワークが考案されたのです。

　このクロスオーバー・ネットワークにはパッシブ型とアクティブ型があります。

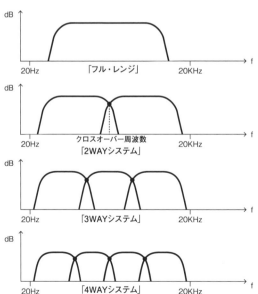

◀図㉒　フルレンジ〜4ウェイ・システムのクロスオーバー周波数

電源を必要としないパッシブ型クロスオーバー・ネットワークは、エンクロージャーに内蔵されていることが多く、パワー・アンプとスピーカー・ユニットの間に接続して使用します。

電源を必要とするアクティブ型クロスオーバー・ネットワークはコンソール・アウトとパワー・アンプの間に接続して使用します。これをチャンネル・ディバイダー(チャンデバ、C/D)と呼びます。

■プロセッサー

最近はチャンネル・ディバイダー単独の機種は少なくなり、デジタル化も進んで、複合的な機能を持つスピーカー・プロセッサーやスピーカー・マネージメント・システムと呼ばれるタイプの製品、通称"プロセッサー"が普及してきました。特定のスピーカー・システム専用のプロセッサーも開発されてきたり、パワー・アンプに内蔵された製品も多く見られます。これらは特定のスピーカー・システム専用のため、それ以外のスピーカー・システムには使用できません。

一方、すべてのスピーカー・システムに使用できる"プロセッサー"も最近多く見かけますし使用されています。これらのプロセッサーの内部にはDSPが内蔵され、チャンネル・ディバイダー、コンプレッサー/リミッター、イコライザー、ディレイ、位相調整、センス・バック、RTA(リアルタイム・アナライザー)等の機能が組み込まれています。

また、タブレットやPCに専用のアプリをインストールすることで、無線LAN(Wi-Fi)での遠隔操作が可能な製品も増えています。こうしたタイプでは、F.O.H.(フロント・オブ・ハウス/PA席)を離れてホール内を自由

▲Meyer Sound Galileo 616

▲Dolby Lake Processor

▲Meyer Sound Galileo GALAXY 816

に動き回り、すべての場所でのスピーカー・チューニングも可能です。さらに、2イン／8アウトから8イン／16アウトと、入出力端子も多い機種が主流となっています。

■ヘッドフォン

　PAで使用するヘッドフォンはインイヤー・タイプではなく、かぶって使用するタイプが多いです。また音楽鑑賞が目的ではないので、大音量の中でもはっきり音質が確認でき、周波数特性が平坦で大入力が可能な製品が好まれます。さらにほとんどのヘッドフォンのスピーカーはフルレンジ・システム。ユニットと鼓膜までの空間が近いため、通常のスピーカー・ユニットよりは小電力で大音量を感じられます。

◀SONYのモニター・ヘッドフォン
MDR-CD900ST

04 ▶ コンソール

　アナログやデジタル、レコーディング用やPA用などさまざまなコンソールが存在していますが、コンソールの基本機能はたった2つです。それは、マイク等の入力を増幅することと、その信号の行き先を決めること。この基本さえ覚えておけば、どんな大型コンソールを前にしてもおそれる必要はありません。では、各部を見ていくことにしましょう。

■チャンネル・モジュール
①入力部
　コンソールの大前提にあるのが、マイク・プリアンプの機能です。マイク入力をライン・レベルまで増幅する部分のことで、"HA（ヘッド・アンプ）"とか"アタマ"などと呼ばれることもあります。もちろん、ライン用の入力も用意されています。いずれにしても、トリム等で適正なレベルまで入力信号を増幅するのが、入力部で行うことです。

［HAの特徴］
（1）高い増幅率（ハイ・ゲイン）
（2）高忠実度（ハイファイ）
（3）低雑音（ロー・ノイズ）
（4）低歪率（ロー・ディストーション）

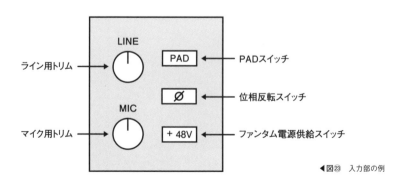

◀図㉓　入力部の例

ラインもので入力が大きい場合などは、PADスイッチでレベルを下げることができます。また、コンデンサー・マイクにファンタム電源を送るファンタム電源供給スイッチや、位相反転スイッチなどもこの入力部に装備されているのが普通です。ただし、複数のバンドが出る場合などはPADを入れたかどうかをキュー・シートに書き忘れる場合もあるので、なるべくなら送りを下げてもらう方が良いでしょう。また、ファンタム電源はなるべく近くでかけた方が良いので、モニター・コンソールでかける方法がお薦めです。

②イコライザー

3〜4バンドのパラメトリック・イコライザーが装備されているのが普通です(イコライザーについてはP98参照)。モデルによっては"EQスイッチ"が装備され、バイパスできることもあります。ローカットが用意されている場合も多く、これはMC用マイクなどにかけると不要な低音がなくなりすっきりするので、よく使用します。

なおレコーディング用のコンソールにはコンプレッサーや、ノイズ・ゲートが装備されていることも多いのですが、PAの場合は必要なチャンネルにはインサートするので、その分軽くコンパクトにするという意味合いで装備されていない場合が多いですね。もちろんデジタル・コンソールの場合は、この限りではありません。

また、外部機器へのインサート端子がイコライザーの前後に用意されているのが一般的です。

③AUX SEND(予備のアウト)

信号の行き先を決める、非常に重要な部分です。AUX SENDはエフェクターやモニター・スピーカーなどに信号を送る場合に活用します。ボリュームつまみで送る信号の量を決定できるほか、その信号がチャンネル・フェーダー通過後かどうかを決定する"プリ／ポスト"スイッチや、"オン／オフ"スイッチが装備されています。インイヤー・モニター等に送る場合には、"ステレオ送り"を選択できることが必須です。

ちなみにエフェクターに信号を送る場合などは、ボリュームつまみはユニティ・ゲイン（規定）が基本です。それでエフェクターのメーターが振れないとか、音が返ってこないということがあれば、何かがおかしいということになります。結線間違い、ケーブルNG、操作ミスなどを疑う必要がありますね。ヒューマン・エラーが多い場合もあります。
　なおメイン用とモニター用のコンソールの違いは、主にこのAUX部分にあると考えて良いでしょう。モニター用であれば細かな調整が可能なAUXを充実させ、メイン用であればアサイン・ボタンで簡単に送りを決定できるGROUP OUTを充実させる、ということですね。

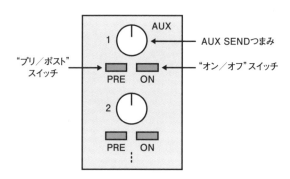

◀図㉔
AUX SEND部の例

④パンポット
　LRのスピーカーへの定位を決定するのが一般的な役目ですが、最近ではセンター・スピーカーを含めたLCRパンを備えているモデルもありますし、デジタル・コンソールであれば5.1chサラウンド等へも対応しています。特にミュージカルなどでは、音楽にセリフを埋もれさせないためにLCRパンが使えると重宝します。以前はGROUP OUTを使用してセンター・スピーカーに送ったりしていたので、非常に便利です。

⑤チャンネル・フェーダー
　チャンネル・フェーダーは、基本的にはMASTER OUTへ送る信号の量を決定します。AUX SENDで"ポスト"を選択している場合は、そのセ

ンド量もフェーダーで調整可能です。ここには"オン／オフ"スイッチか"ミュート"スイッチが装備されているので、音を出力したくない場合には便利です。

　さらに大事なのが"ソロ"スイッチで、選択したチャンネルの信号を単独でプリフェーダーまたはポストフェーダーで聞くことができます。回線チェックの場合などは、プリフェーダーを選べばフェーダーが下がった状態でも確認していけるので重宝します。この際、MASTER OUTへの信号には変化が無いので注意しましょう。ソロで聞くことができるのは、モニター・アウトだけなのです。レコーディング用のコンソールのようにマスターからもソロで出したい場合は"インプレース・ソロ"というスイッチを使うことになりますが、PAで使うことは滅多にありません。そのため無闇に触らないように、"インプレース・ソロ"にはフタが付いている場合が多いですね。

　またこのセクションには、GROUP OUTやVCA GROUP用のアサイン・スイッチが用意されている場合が多いです（詳しくは"マスター・セクション"参照）。

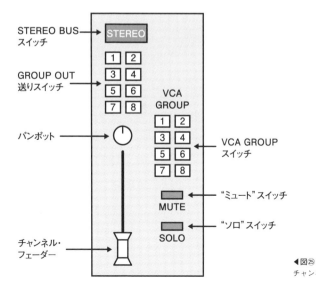

◀図㉕
チャンネル・フェーダー部の例

■ステレオ・モジュール

　最近のコンソールでは、1本のモジュールでLRのステレオ信号を扱える"ステレオ・モジュール"が用意されていることが多くなっています。CDプレーヤーやスマホなどの再生系に加え、リバーブなどのステレオ・エフェクターの返しを入力する際に便利なモジュールです。内容的にはチャンネル・モジュールとほぼ同様ですが、スペースの都合でイコライザーが1バンド減っていたりということもあります。

■マスター・セクション

　VCA GROUP、GROUP OUT、AUX OUT、MATRIX OUT、MASTER OUTといった出力部分について、ここでは解説します。

①GROUP OUT

　チャンネル・フェーダー通過後の信号は、GROUP OUT経由でMASTER OUTへ送られます（バイパスも可能です）。GROUP OUT送りのスイッチは入力部やチャンネル・フェーダー部に用意されていますが、アサインのスイッチを押すだけでGROUP OUTへ送るかどうかが決められ、信号量は調整できないのが普通です。レコーディングの際に楽器をまとめるのに有効ですが、純粋なPA用途では最近はあまり使用されていません。楽器をまとめる際は、VCA GROUPを使う方が便利だからです。

②MATRIX OUT

　MATRIX OUTは、通常はステレオのミックス・バランスを出力します。ですからMASTER OUTと同じ信号を、楽屋やホール等に送ったり、簡単なメモ録（P152）をする際に活用するのが一般的です。会館やホールなどで楽屋が多い場合は多くのMATRIX OUTが必要なので、常設のコンソールには24とか36のMATRIX OUTが付いていることも多いです。また、GROUP OUTで選択したものをMATRIX OUTから出力することも可能となっています。

③VCA GROUP

　VCA GROUPは電気的にフェーダーをグルーピングするためのもので、VCA GROUP OUTといった出力端子は存在しません。MASTER OUTへの送り量を、ここでコントロールするわけですね。各チャンネルのVCA GROUPへの送りは、チャンネル・フェーダー部などにスイッチが設けられています。例えばドラムの各パーツをグルーピングしておけば、ドラム全体のバランスを壊すことなく音量の調整が可能になります。GROUP OUTが音をまとめるのに対し、VCA GROUPはフェーダーをまとめると覚えておけば良いでしょう。

④MASTER OUT

　マスターはステレオ信号を扱うので、基本的に2連のフェーダーとなっています。もちろん1本のフェーダーの場合もありますが、チューニングでLだけ出したい、といった場合もあるので2連の方が何かと便利です。

　マスターにはインサート端子が用意されているので、グラフィック・イコライザーやコンプレッサーをインサートする場合もありますが、基本的にはMASTER OUTへのシリーズ接続で問題無いでしょう。

■モニモニ

　モニター・コンソールのMONITOR OUTを、特別に"モニモニ"と呼んでいます。ハウスで言えばヘッドフォン・アウトのことですが、モニターではステージ上の各ミュージシャンの状況を確認するために利用するのです。その際、いちいちヘッドフォンをしていては面倒なので、コンソール脇にモニター・スピーカーを用意するのが普通です。

　モニモニでミュージシャンの状況を確認するためには、グラフィック・イコライザーは各アウトにインサートされている必要があります。アウトにシリーズ接続されていてはそのグラフィック・イコライザー通過後の音を確認できないので、モニモニでの正確なチェックは不可能です。

■デジタル・コンソールについて

　デジタルのコンソールは、エフェクターを内蔵していたり、回線の自由度が高かったり、アナログに比べサイズが小さかったりと、さまざまなメリットがあります。音質面でも、本体と分離してI/Oをステージ上に置くことで信号の引き回し距離を短くできるなど、非常に有利と言えるでしょう（これを"セパレート型"と呼んでいます）。また、設定を保存（メモリー）しておけるので、レギュラーのイベントが多いホール等では重宝します。ほとんどの機種で、保存にはUSBメモリーを使用します。容量は8GBあれば十分です。

　PA的には、すべてのパラメーターが表に出ていないので操作性の問題もありますが、この対処法として数台のPCをつなぐことでチェックをしています。また最近はiPadアプリなどの充実で改善されています。アナログのエフェクターを混在させたい場合なども、これまでは使い勝手の問題がありましたが、本体にもI/Oを装備することで対応が可能なモデルも出てきています。さらにはコンピューター・ベースのハード・ディスク・レコーディング・システムのI/Oとしても機能するモデルなども登場し、ますます現場での需要は高まっていくことでしょう。

◀ DiGiCo SD7

◀ YAMAHA CL5

▲ USBメモリー（8GBあればだいたいの作業はできる）

PART 3　電気音響機器　097

■サンプリング・レート

サンプリング・レート(周波数)とは、デジタル・コンソールにおいてオーディオ信号の高域限界周波数を決定することです。

$$高域限界周波数 = \frac{1}{2}\ サンプリング・レート(周波数)$$

CD等の44.1kHzでのサンプリングレートでは

$$\frac{1}{2} \times 44.1kHz = 22.05kHz$$

までしか高域は再生できないことになりますが、最近はサンプリングレートを高くして高音域の再生に努力しています。48kHz 、96kHz、128kHz、256kHzと上げていますが、現実にはPCのメモリー不足、スピード、レイテンシー等によりまだまだサンプリング・レートが低いのが現状です。

■クロック・ジェネレーター

デジタル・オーディオでの制作環境において、マスター・クロックで動作する機器としてコンソールとステージ・ボックスやデジタル再生機器などと接続することで、デジタル・オーディオ機器を高精度で同期させ、音質の向上を計ります。これによってサンプリング・レートの不安定さによるジッター・ノイズを低減できるのでプロ・オーディオ音楽制作現場には欠かせません。

■レイテンシー

データ信号を送出してから実際にデータ信号が到着するまでの時間のことです。正式には片道レイテンシーと言います。

これはデジタル音楽制作現場で生演奏とのズレが影響を与えることがあり、この現象が起きている状況での演奏やコンサートは不可能になりうるのです。テレビの放送画像と音声のズレが分かりやすい例です。

■A/D、D/A

　日常よく目にする温度や速度といったものや音波は連続する数量で表したものと言えます。これをアナログ（数量的）といいます。このアナログ量をデータ化してデジタル（数値的）量とし、例えば、音量を「0」「1」で表す2進法にすることで、元のアナログ量をデジタル量として取り扱う事ができるようになります。

　A/D（Analog to Digital）はアナログ信号からデジタル信号への変換器のこと、D/A（Digital to Analog）とはこの逆の信号を変換する機器（インターフェース）のことです。この機器がないと、デジタル音響機器はアナログ信号を扱えません。

05 ▶ エフェクター

　PAで使用するエフェクターは、周波数系、ダイナミクス系、そして空間系の3つに大別できます。そのほか、各タイプの機能が合わさった複合型などもありますが、基本の3つを押さえておけば理解は容易です。では、各タイプについて解説していきましょう。

■周波数系エフェクター

　周波数系エフェクターとはイコライザーのことで、周波数ごとのレベルを増減するために使用します。方式の違いによって、グラフィック・イコライザーとパラメトリック・イコライザーの2種類が存在します。

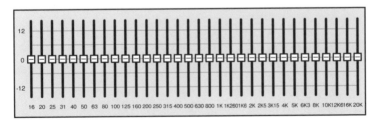

▲図㉖　1/3オクターブ、31バンドのグラフィック・イコライザー（例）

①グラフィック・イコライザー

　レベルを増減できる周波数が固定されているのが、グラフィック・イコライザーの大きな特徴です。PAの場合は"1/3オクターブ"と呼ばれるタイプがよく使われますが、これは1オクターブの間に3つの周波数ポイントがあることを意味しています。また、全体では31のポイントがあるのが普通です(これを"31バンド"と呼び、1/3Oct.GEQと記します)。

　イコライザーの場合は1kHzを基準に考えることが多いのですが、このタイプでは1kHzと500Hzの間に800Hzと630Hzがあるのが一般的です(図㉖)。各周波数のオクターブ上下にポイントがありますから、この３つの周波数だけはとりあえず覚えておきましょう。ただし最終的には全バンドの周波数を記憶し、しかもそれがどんな高さなのか分かるようになってください。それでこそ、PAマンと言えるのですから。

　グラフィック・イコライザーの場合は、"Q幅"と呼ばれるパラメーターも0.7で固定となっています(図㉗)。Q幅はブースト／カットする際に影響の及ぶ範囲の幅で、いかに広範囲に影響が及ぶかが分かります。1kHzの例で見れば、すぐ下の800Hzも影響されるわけですね。グラフィック・イコライザーの外観を見ると、いかにもピンポイントでのコントロールが可能なようですが、それは全くの誤りだということは覚えておいてください。

　実際の使用法は、基本的にはスピーカーのチューニングやハウリング対策がメインの用途となっています。コンソールのアウトに接続して、スピーカーへの信号を補正するわけですね。ただし、チューニング時にあまりに

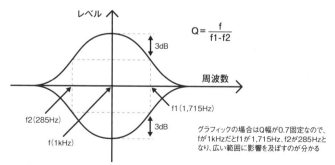

▲図㉗　Q幅の考え方

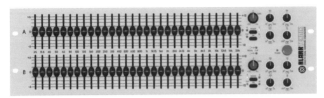
▲KLARK TEKNIK DN370

　いろいろなポイントをいじるのは避けるべきでしょう。31バンドのうち10バンドを動かしていたら、それはほぼ全帯域に影響を及ぼしているようなものです。例えば1kHz、800Hz、630Hzの全部を落としている場合であれば、800Hzをもっと落として、1kHzと630Hzは落とさない方が良いかもしれません。無闇に動かすのは得策ではないのです。

　なお、音作りでグラフィック・イコライザーを使う場合もあります。ワイヤレス・マイクの音色をハンド・マイクにそろえる、キックの音色を作り込むなど、その使用法はさまざまです。この場合は、コンソールのチャンネルにインサートして使用することになります。

　具体的なモデルとしては、KLARK TEKNIK DN370を筆頭に、dbxやXTAなどさまざまなメーカーから優秀な製品がリリースされています。

②パラメトリック・イコライザー
　周波数のポイントやQ幅が変更できる、自由度の高いタイプがパラメトリック・イコライザーです。現在では多くのコンソールに装備されていて、

▲Meyer Sound CP-10

▶ATL DCP-10

音作りに使われています。よく見かけるのは"4ステージのフルパラメトリック"というタイプで、4バンドのすべてでQ幅と周波数を変えられるというものです。ただし、コンソールによっては3バンドでハイとローは周波数固定など、さまざまなバリエーションがあります。またスピーカーのチューニング用のアウトボードでは、10ステージというモデルも存在します。

　パラメトリック・イコライザーは自由度が高いため、ピンポイントでの音色コントロールが可能です。そのため、全体の音質に影響を及ぼすことなく、的確なチューニングやハウリング対策ができます。上手なPAマンであれば、Q幅が20といった狭さで狙った周波数をコントロールできるでしょう。ですから、「パラメでチューニングできるようになったら一人前」と言われるのです。

　具体的なアウトボードとしては、Meyer Sound CP-10やATL DCP-10がよく使われているモデルです。

③イコライザーのデジタル化のメリット

　多くの機材と同様に、イコライザーもデジタル化が進んでいます。これにより便利になったのは、設定をメモリーしておけることと、設定をコピーできることですね。

　例えば同じモニター・スピーカーを10台使う場合、アナログであればグラフィックの設定を人力でコピーしなければいけなかったのが、デジタルではその手間が要りません。同様に野外の大型フェスティバルなどで、ノリコミのオペレーターが多数いる場合も非常に便利です。今まではオペレーターの人数分のグラフィックを用意して、それぞれに自分用のチューニングをしてもらい、使わないときはバイパスをしていました。しかし、デジタルであれば1台のグラフィックに各オペレーターの設定をメモリーしていけるわけで、機材量も少なくて済むわけです。

　デジタル・イコライザーとしては、KLARK TEKNIK DN9340やt.c. electronic EQ Stationなどがあります。最近は、デジタル・イコライザーに代わりデジタル・プロセッサーが普及してきました。代表的な機種として

Meyer SoundのGalileo GALAXY 816やdbx DriveRackシリーズなどがあります。

▲dbx DriveRack VENU360

■ダイナミクス系エフェクター

　ダイナミック・レンジをコントロールする、音声信号のレベルを扱うタイプがダイナミクス系に属します。コンプレッサー／リミッターや、エキスパンダー／ノイズ・ゲートといったエフェクターです。

①コンプレッサー／リミッター

　コンプレッサーは基本的に、信号のレベルを一定にするために使います。大きな音が入ってもレベルを抑える、これが役目ですね。ロックの場合はビート感をキープするために、ベースやキックのレベルをそろえて送り出す。あるいは、急激に大きな音が入った場合にパワー・アンプを保護するために、コンソールのアウトにコンプレッサーをかける。そういった使い方です。

　実際の使用法は、まず"スレッショルド"というパラメーターでコンプレッサーの働き始めるレベルを決めます。スレッショルド・レベル以下の信号はそのまま通し、スレッショルド・レベル以上の信号は圧縮してレベルを

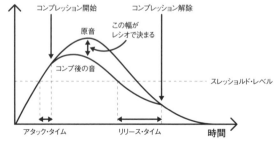

◀図㉘　コンプレッサーのパラメーターの概念図

▲図㉙　コンプレッサーのパラメーター例

抑える。その分岐点のレベルを決めるわけです（図㉘）。

　それと同時に、圧縮の比率を決める"レシオ"や、圧縮のスタート時間を決める"アタック・タイム"、圧縮の終了時間を決める"リリース・タイム"といったパラメーターも操作します（図㉙）。レシオは1:1なら"入力＝出力"の状態で、1:2、1:3、1:4となるほど圧縮の比率が高くなります。ボーカルの場合はあまりレシオを高くするとしゃっくりのような変な音になってしまうので、1:2ですとか1:3ぐらいが適当でしょう。逆にコーラス・マイクなどには1:4くらいでかけて、ボーカルが埋もれないようにしたりもします。ベースであればビート感をキープする場合は1:4〜1:6、スラップなんかだと1:10ということも出てきますね。まあこの辺の数値はあくまで参考で、実際の音を聞きながら調整する必要があるのは言うまでもありません（機種によってもかかりは違いますし）。

　アタック・タイムももちろん重要で、高級機であればアタック・タイムを速くすることができ、立ち上がりの速い音に対しても即座に圧縮をかけることが可能です。逆に言えば、アタック・タイムが遅いとピアノやアコースティック・ギター、パーカッションなどのアタマの音がすっぽ抜けてしまいます。その結果、抑えたいはずのアタマがより強調されてしまうので注意が必要です。

　リリース・タイムもあまりに遅いと常に圧縮がかかった状態になってしまうなど、繊細な調整が必要です。コンプレッサーの場合は各パラメーターが密接に関連しているので、きちんと耳で確認しながら操作するのが大事と言えます。

なおリミッターは、レシオが1：∞というタイプで、インプットがいくら入っても出力は一定となっています。以前はPAでもコンソールのアウトにかけてパワー・アンプの保護としていましたが、最近はパワー・アンプやスピーカーの性能も上がってきたので、コンプレッサーで代用されるケースが多いようです。

コンプレッサーは、dbxなどさまざまなメーカーから多くのモデルがリリースされています。

▲dbx 160A。アナログ時代の代表的なコンプレッサー

②エキスパンダー／ノイズ・ゲート

エキスパンダーは、小さい音を引っ張り上げるのがその役目です。あるレベル以上の音はそのまま通して、あるレベル以下の音は増幅する。レベルを一定にするという意味では目的はコンプレッサーと同じでパラメーターもほぼ共通なのですが、その動作が逆方向ということです。例えば、話している声よりも歌っている声が小さいような歌手の場合、エキスパンダーでレベルを上げるということをします。

ただしPAの場合はハウリングの問題もあるので、あまりエキスパンダーは使用しません。不用意にレベルを上げると、どうしてもハウってしまいますからね。ですから先ほどの例であればコンプレッサーを使用して、スレッショルド・レベルを下げて常にコンプがかかった状態にして、大きなレベルの方を抑えるのが一般的なテクニックです。

◀図30　ノイズ・ゲートの動き

一方ノイズ・ゲートは、スレッショルド・レベル以上の信号を通す、という動作をします。レベルの低い音ではゲートが閉まっていて、大きな音がしたらゲートが開くわけですね（図㉚）。エキスパンダーとノイズ・ゲートは機能が似ているので、1台のエフェクターで使い分けられる場合が多くなっています。DRAWMERのDS201は、中でもよく使われているモデルです。

では、ノイズ・ゲートはどのようなときに使うのでしょう？　ここでは、マルチマイクでドラムを集音している場合を考えてください。ドラムの各パーツにマイクが立っていて、その数が10本もあったとします。しかし、ドラマーが同時にたたけるのは最大でも4つのパーツですから、瞬間ごとに見ていけば6個のマイクは常に不要となっていると考えることもできます。そして、その6個のマイクには他のパーツの音が"かぶって"入っているので、位相も乱れて、全体的にドラムの音がもやけてしまいます。しかし、各マイクにノイズ・ゲートをインサートしておけば、ドラマーがたたいたときだけ音が出ることになります。これにより、クリアなドラムをPAすることが可能になるのです。

このようにゲートをめいっぱいがちがちにかけることを"ハード・ゲート"と呼びますが、ドラム全体の鳴りが必要な場合もまたあるものです。特にジャズ系などのアコースティックものの場合、あまりにクリアなドラムは興ざめです。そういった場合は、タムをたたいてもほかのマイクのゲートが開くような、少しゆるめの設定にします。でも、曲が終わればちゃんとゲートが機能してマイクが全部オフになる。これは、"ソフト・ゲート"と呼ばれているセッティングです。

▲DRAWMER DS201はスタンダードなノイズ・ゲート

■空間系エフェクター

　イコライザーやコンプレッサーはチャンネルにインサートして使用しますが、ここで紹介する空間系エフェクターはコンソールのAUX等を利用します。そのため、"センド／リターン系"とも呼ばれているエフェクターです。そして、ミュージシャンの出した音に対して唯一付け加えて良いのが、このディレイとリバーブなのです。もちろんそこにはミュージシャンとPAマンの間に信頼関係が必要ですが、オペレーターの感性が十分に発揮できるエフェクターと言えるでしょう。

①ディレイ

　ディレイは反響／エコーのことで、PAにおいては積極的な音作りに活用されています。ボーカルにかけてロック的な雰囲気を演出したり、ソロにかけて派手な効果を狙ってみたりと、花形的なところがありますね。かつてはアナログ方式のものが主流でしたが、現在ではデジタル・ディレイを使うことがほとんどです。

　パラメーターで重要なのはまずディレイ・タイムで、ディレイ音の発音される時間をここで決定します。楽曲のテンポが決まっていれば計算でディレイ・タイムは算出できますが、デジタル・ディレイの多くは"タップ・テンポ"機能を装備しているものです。ですから曲に合わせてボタンをた

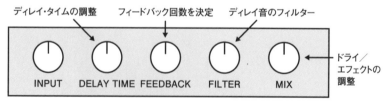

▲図㉛　ディレイのパラメーター例（実際はデジタル方式が主流です）

▲t.c. electronic D-TWOは愛用者も多いデジタル・ディレイ

たけば、適正なディレイ・タイムを割り出してくれるでしょう。また、3連符や倍テンポにもボタン1つで変換できるなど、デジタル・ディレイには便利機能が備えられています。ディレイ・タイムをすごく短くすることで、ロボット・ボイスや宇宙人のような声を作ることも可能です。

それから、フィードバックも非常に重要なパラメーターです。ディレイ音が繰り返す回数を決定する部分ですが、回数を指定するタイプやパーセンテージで指定するものなど、メーカーやモデルによって方法はさまざまです。曲調や楽器に合った回数を指定できるように、注意しましょう。

なお、センド／リターンで使用する場合は基本的にエフェクト音100%で使用するように"ミックス"つまみで調整します。これは、リバーブに関しても同様です。

音作り以外のディレイの使用法としては、"ディレイ・タワー"というものがあります。大規模な会場などで後方席用のスピーカーを使用する場合、メイン・スピーカーからの音との時間差を無くすために、ディレイを使うわけですね。例えば170m離れたスピーカーであれば、0.5sのディレイをかけることで自然な再生が可能になります。そのほか、P44で紹介したハース効果用に20msなどの短いディレイを用意している場合もあるものです。PA席に用意されたディレイが多くても、すべてが飛び道具というわけではないので覚えておきましょう。

具体的なモデルとしては、Roland SDE-3000も人気がまだありますが、t.c. electronic等のモデルもよく見かけます。

②リバーブ

リバーブは残響を付加するエフェクターですが、オンマイクで集音することの多いPAの現場では必要不可欠なツールです。というのもオンマイクでは響きが入ってこないため、リバーブをかけずにPAすると、どうしても"それらしい音"にならないものなのです。そういった理由で、ボーカル用、楽器用、ドラム用と3種類のリバーブを用意するのが今のスタンダードなセッティングとなっています。ディレイは音作り用には1台が普通なので、1ディレイ＋3リバーブというのが、空間系の定番ですね。

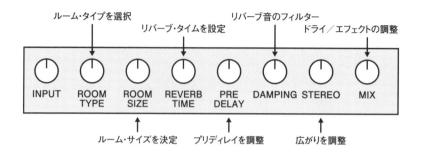

▲図㉜　リバーブのパラメーター例（実際はデジタル方式が主流）

▲YAMAHA SPX2000

　パラメーターとしては、リバーブ・タイムとダンピング、ルーム・タイプあたりがまず重要です（図㉜）。リバーブ・タイムで残響時間を、ルーム・タイプで"ホール"や"ルーム"といったシミュレーションの種類を、そしてダンピングでリバーブ音のイコライジングをコントロールしていきます。ボーカルやサックスなどはリバーブ・タイムは2.6～2.8sというのが多いですが、楽器とボーカルではリバーブ・タイムやルーム・タイムを変えるのが普通です。タイプが一緒だったらタイムを変える、タイムが一緒だったらタイプを変えるということですね。また、ドラムは短めなタイムにしておき、全体で音楽として聞こえるようにする。この辺のさじ加減は、なかなか難しいと言えるでしょう。

　そのほか、プリディレイを会場の広さに応じて調節したり、ステレオ・イメージを楽器ごとに調整するのも、重要な作業です。ボーカルは広げたいのでLRめいっぱいでも大丈夫ですが、スネアやギターにかける場合はあまり広げない方が良いので、注意してください。

　PAで使用するモデルは、YAMAHA SPX990やREV5といった古い製品もまだまだ現役ですし、t.c. electronic M5000、YAMAHA SPX2000といったマルチエフェクターなどもあり、さまざまです。また最近は実在の空間

の響きをサンプリングした"サンプリング・リバーブ"も登場していて、ア・カペラのときに"アポロ・シアター"の響きを使うなど、楽しみも増えています。

06 ▶ パワー・アンプ

　パワー・アンプはスピーカーを鳴らすための機材で、"アンプ"と名の付くものの中でも、最もパワーが必要とされています。かつては300Wくらいで最高だったものが、現在では1,000Wや1,500Wを出せるパワー・アンプも製品化されていて、隔世の感がありますね。

　可変パラメーターは入力レベル程度でシンプルな機材ですが、最終的な音質を決める部分でもあるので、非常に重要と言うこともできるでしょう。では、以下にその特徴を見ていきます。

■スピーカーとの関係

　パワー・アンプの性能を言うときは、先ほどのように"W数"が1つの目安になります。スピーカーのインピーダンスは基本的に8Ωですから、8Ωに対しての出力が基準となっているわけですね。ですから300Wのパワー・アンプであれば、スピーカーをパラった(スピーカーの並列接続のこと。「パラう」「パラって(パラった)」などと言う)場合は4Ωになるので、600Wの出力が可能です(図㉝)。このように、インピーダンスをどんどん下げていくことで出力は増えていきますが、あまりにインピーダンスが下がってしまうとショート状態になってしまいます。そのため、メーカーから"4Ωまでで使用してください"といった注意がある場合も多いですね。

　またゲインに関しては、コンソールのアウトが+4dBで、パワー・アンプのゲインが26dBとなっています。つまり30dBで何W、というように表示されているわけです。出力レベルは付属のVUメーターで見られるモデルがほとんどで、本番中でのメーター監視はステージ・マンの重要な役目となっています。本番でスピーカーが飛んでしまうと、コンサートが台無しですからね。

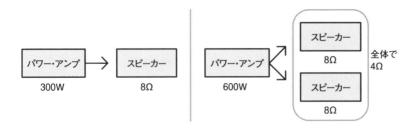

▲図㉝　スピーカーの数とインピーダンスの関係

　なおパワー・アンプには、いかにスピーカーをきちんとコントロールできるかを示す、"ダンピング・ファクター"という指標があります。スピーカーはコーン紙等の振動によって音を出すわけですが、その振動をいかに制御し、信号を忠実に再生できるかを示す値です。具体的には出力インピーダンスを抑えることで値を上げられますが(スピーカーのインピーダンス÷パワー・アンプの出力インピーダンス＝ダンピング・ファクター)、そのためには良い素子を使うことが重要となっています。電力を増幅するだけであればどんなアンプでも同じということにもなりますが、音のことを考えると、スピーカーをきちんと制御できるアンプを選ぶべきなのです。
　また出力インピーダンスを下げる意味でも、パワー・アンプとスピーカーは距離を短くし、太いケーブルで結線するのが一般的です。パワー・アンプのダンピング・ファクターがいくら良くても、ケーブルが長ければ出力インピーダンスが上がったのと同じことになり、結果的に音は悪くなってしまいます。

▲▶上はCROWN I-Tech HDシリーズのIT12000HD、右は同社のI-Tech 4x3500HD

■プロセッサー入りパワー・アンプ

　後半の応用編で詳しく出てきますが、最近ではスピーカー・システムの中にパワー・アンプを搭載したパワード・スピーカー（Meyer SoundやRFC）や、スピーカー・システムを駆動するパワー・アンプの中にEQ、COMP、C/D（チャンネル・ディバイダー）等のいわゆる単なるミキサーからの信号を増幅させるためだけの機器では無く、スピーカー・システムを最適な状態に保つための機器（プロセッサー）を搭載するモデルも増えてきています。これは先に述べたアンプ入りスピーカー・システム（パワード・スピーカー）の考えと同様に、使用するスピーカーが最適に駆動するためのアンプを同社から推薦するもので、オールマイティではなく、そのメーカーのスピーカー専用アンプ的な発想でありました。しかし、昨今ではあらゆるスピーカー・システムに対応できるモデルもあります（LAB.GRUPPEN PLMシリーズ、Meyer Sound Galileo GALAXYなど）。

◀LAB.GRUPPENのPLM20000Q

■コンソールとの関係

　実際の現場では、パワー・アンプを1台だけで使用するといったことはあまり現実的ではありません。例えばローのスピーカーを8台鳴らすとしたら、パワー・アンプは4個必要になってきます（次ページの図㉞）。そうすると、コンソール側から見たインピーダンスは1/4になるわけです。しかしコンソールのインピーダンスは基本的にロー・インピーダンスですから、パワー・アンプの入力インピーダンスが低いと、問題が生じます。

　というのも、インピーダンスは"ロー出し／ハイ受け"が基本となっていて、出しと受けでは10倍程度の差を設けるのが理想となっているのです。要はこうしておかないと、適切な出力が得られないわけですね。ちなみにコンソールの出力は規格では600Ωですが、最近は100Ω程度の製品が作られるようになってきました。ですから、1台で受ける場合で1kΩ、4台

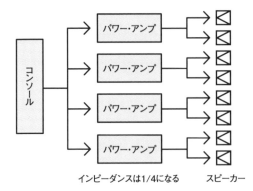

インピーダンスは1/4になる　　スピーカー

◀図㉞　パワー・アンプを1台だけで使うことは現実的ではない

で受ける場合は4kΩのインピーダンスであればOKですね。現在のパワー・アンプの入力インピーダンスはだいたい10kΩ程度なので、問題無く10倍で受けられるということになります。

　そしてこういったインピーダンスの問題が、大型コンサートに深く関係しているのです。従来通りコンソールが600Ωのままであれば、今の例だとパワー・アンプは24kΩの入力インピーダンスが必要になってしまいます。しかしこれではインピーダンスが高すぎて、メイン・スピーカーはまるでギター・アンプのように「ジー」といったノイズを生じてしまうでしょう。そういったこともあって、昔は大型コンサートを開催できなかったわけです。技術的な進歩のおかげで、ハイパワーのコンサートもできるようになったのですね。

07 ▸ DI

"DI"または"ダイレクト・ボックス"は、"Direct Injection Box"の略称です。ライン関係のものを差し込み、コンソール等へ引き回す際に活用するツールとなっています。ですから生音はマイクで取り、エレキ・ベースやキーボード、音源、DJミキサー等はDIで取る、と覚えておきましょう。基本的にはアクティブ・タイプで、ファンタム電源をかけるか、電池を入れることで駆動します。

実際のモデルとしてはCOUNTRYMAN Type85が長らくスタンダードでしたが、最近はBSS AR-133やRADIAL J48などさまざまな選択肢があります。また、かつてはトランス・ボックスと呼ばれる機材をDI代わりに使用することも多かったですね。JENSENのものなどが有名ですが、トランス自体が高価なこともあり、最近はあまり見かけなくなっています。

では、なぜラインものを引き回す際にDIを使うのか。その理由は2点ありますので、順に見ていきましょう。

▲COUNTRYMAN Type85

▲COUNTRYMAN Type10

▲BSS AR-133

◀Radial J48

■インピーダンスの変換

　DIの用途の1つ目は、インピーダンスの変換です。ラインものの中でもエレキ・ギターやエレキ・ベースの楽器自体の出力は小さいため、インピーダンスを高くして電気をなるべく起こしています。そのために、非常にノイズが乗りやすい状態になっているのです。ギター・アンプやベース・アンプに楽器をつなぐと、「ジー」とか「ブー」といったノイズが聞こえるのは、このためです。

　そして、ハイ・インピーダンスな出力をそのままコンソール等に入力すると、ハイが落ちたり適正な電力が得られなかったりと、問題が生じます。これはコンソールがロー・インピーダンスなために起きる現象で、それを回避するためにDIでインピーダンスを変換するわけです。

　ここで、1つ疑問が生じるかもしれません。エレキ・ベースはDIを通すのに、エレキ・ギターにDIを使うことは滅多に無いのはなぜだろう、と。両方ともアンプをマイクで集音すればDIを使う必要は無いのに、なぜベースにだけDIを使うのか、ということですね。

　ベースというのは低音を担当する楽器ですが、実はそのことが大きな意味を持っているのです。大きなホールなどで聞くと分かりますが、低音というのは反響によりもやける傾向が非常に高く、はっきり聞かせるのがなかなか難しいと言えます。でも、ベースはリズムの核でもありますから、できるだけはっきり聞かせたい。そこで、ベース・アンプをマイクで拾うのではなく、ラインの音をメイン・スピーカーから出すことで、よりはっきりした低音を目指すのです。この場合、ベース・アンプはミュージシャンのモニター用で、メイン・スピーカーをベース・アンプ的に考えて使用している、と言うこともできるでしょう。

　一方エレキ・ギターの場合は、"アンプでの音作りも込みでギターの音"という考えがあるため、基本的にはマイクでアンプの音を集音しています。またバンドの中で低音を担当しているわけではないので、マイクによる集音で問題が無い、ということも言えますね。

PART 3 電気音響機器 | 115

■アンバランス→バランス変換

キーボードやDJミキサーなどは、ロー・インピーダンス出力です。その点だけを見ればDIを使う必要は無いのですが、実際には長く引き回す場合にはDIにインプットすることになります。これはアンバランスの出力をバランスに変換することで、伝送の途中で乗るノイズを少なくしよう、という意図によるものです。バランス／アンバランスについてはP119で詳しく述べていますが、ステージ上からコンソールへ送るような場合には、ノイズ対策としてDIを使うと覚えておきましょう。

ただし、メイン・コンソール脇に置いてあるCDプレーヤーなどに関しては、アンバランス出力であっても出力インピーダンスが低いので、ケーブルの長さを短くすれば、あえてDIを使う必要はありません。

08 ▶ 機器のスペック

この章の最後に、機器のスペックについて簡単に解説しておきましょう。

■周波数特性

その機材がフラットに再生できる周波数の範囲です。マイクからスピーカーまで、すべての音響機器で重要な意味を持っています。基本的には範囲が広いことが望ましいですが、キック専用のマイクやサブウーファーなど、特定の帯域に特化した製品の場合はその限りではありません。

■感度

マイクの場合は、ある大きさの音源に対してどれだけの出力があるかをdBで示します。感度が良いマイクは、大きな音が出ることになります。ですから感度が良いマイクが良いマイクと言われていますが、周波数特性を伸ばすために感度をわざと落とす場合もあるものです。その意味では感度だけ、または周波数特性だけが良くてもだめということですね。

スピーカーであれば感度は、1Wでどれだけの出力を出せるかをdBで示します。マイクと同様、大きな音を出せるスピーカーが、感度の良いスピー

カーです。こちらもマイク同様、周波数特性との兼ね合いがあります。

■SN比

　信号(singal)とノイズ(noise)の比率です。要は音声信号に対し、ノイズがどれだけ含まれているかをdBで示します。全くノイズが無い機械は作れませんが、その比率はできれば小さい方が良い、ということですね。SN比が良ければ良いほど、信号を通していないときの「シャー」というようなノイズが少なく、良い機械となります。ライン・レベルを扱うエフェクターやパワー・アンプではあまり問題になりませんが、マイク・プリアンプやコンソールでは非常に重要な意味を持ちます。こういった機械のSN比が悪いと、通しただけで「シャー」となり、きちんとPAすることが難しくなります。

■ダイナミック・レンジ

　その機械が表現できる、最も大きな音と最も小さな音の幅ですね。当然広い方が良く、dBで表します。SN比もダイナミック・レンジも∞というのが理想の機材ですが、現実はそうはいきません。ダイナミック・レンジ以上の入力があれば、信号が歪んでしまうのが現状です。

■出力音圧レベル

　スピーカーの場合、一定の帯域や周波数で1Wの入力を加えたときの、1mの距離での音圧レベルの平均値を言います。ですから、この数値が大きいほど大きな音が出ます。PA用スピーカーは100dB/W以上が普通です。

■定格入力

　長時間連続動作をさせても、異常を生じない入力をWで示します。そして最大入力とは、機械的に耐えられる大入力の最大値です。つまりは短時間に加えた場合に許容される入力の最大値のことで、この値もWで表します。

■信号のレベルについて

　PAの基本は、マイク・レベルの信号をマイク・プリアンプ(コンソール)で増幅し、さらにパワー・アンプで増幅したものをスピーカーで出力することにあります。そこで、レベルについてもここで確認しておきましょう。

　マイクのレベルは、通常-40～-60dBというのが普通です。一方、プロ用のPA機器の基本であるライン・レベルは+4dB。ですから、マイク・プリアンプやコンソールでは、通常44～64dBの増幅がなされていることになります。しかもパワー・アンプを経由することでゲインはさらに26dB上がり、トータルでは70～90dBも増幅されているわけですね。

　こういったレベルの監視にはVUメーターやピーク・メーターを使用しますが、VUが出力の平均値を表示するのに対し、ピークはその名の通り瞬間的なピーク値を表示するという違いがあります。ちなみにVUメーターの0VUが+4dBmで、600Ω/1mW時に1.23Vの電圧と決められています。そして、電圧が0.775Vであれば0dBmということです。

　実際の使用法としては、コンソールのインプットなどは歪みを気にするのでピーク・メーターを使用しますが、最終的な出力はパワーで測るのでコンソールのアウトやパワー・アンプのアウトはVUメーターが備えられているのが一般的です。ただしVUメーター自体が高価なため、最近はピーク/VU切り替え可能なLEDメーターが装備されるなど、VUメーターを見かけることが減っているのもまた事実です。

▲VUメーター

▲ピーク・メーター(写真左端)

PART 4
ケーブルと端子

01 ▶ マイク・ケーブル

　"基礎知識編"の最後に、ケーブルや接続端子について解説しておきましょう。機器をきちんと接続することはPAの基本ですから、おろそかにしないようにしてください。

　大まかに言って、PAでは5種類のケーブルを使用します。①マイク・ケーブル　②スピーカー・ケーブル　③マルチケーブル　④変換ケーブル　⑤電源ケーブル　というのがその内訳です。この5つがあれば現場ができますし、逆に言えば1つ欠けてもPAはできない、ということになります。なお最近はデジタル・コンソール、ワイヤレス・マイクの普及で、同軸ケーブル、LANケーブル、USBケーブルも必要になってきました。

　マイク・ケーブルは、当然ながらマイクとコンソールやマイク・プリアンプを接続するために使用します。また、2～3mの短いマイク・ケーブルは、"立ち上げ"とか"パッチ・ケーブル"などと呼ばれて区別されています。コネクターはXLRタイプでITT CANNONでは、XLR-3-11C（メス／FEMALE)、XLR-3-12C（オス／MALE)、NEUTRIKではNC3FXX-B（メス／FEMALE)、NC3MXX-B（オス／MALE)という"オス－メス"構造で、一度差し込むとロックがあるので抜けにくいのが特徴です。

◀NEUTRIKのXLR
メス・コネクター
(NC3FXX-B)

◀NEUTRIKのXLR
オス・コネクター
(NC3MXX-B)

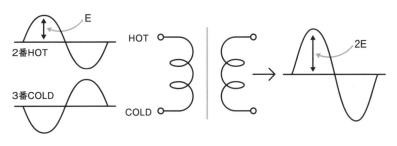

▲図① 差動入力の原理

　XLRタイプはバランス型の伝送で、アンバランス型に比べて6dB高い音量レベルで伝送が可能です（図①）。これは差動入力によるものですが、同じ理由でノイズにも強くなっています。というのも、ノイズは基本的にプラス方向の信号なので、信号に混入した際に差動入力のおかげで相殺されてしまうのです（図②）。このような理由から、プロの現場ではバランス伝送が基本となっているのです。特にマイクなどは信号レベルが小さいので、混入したノイズは微量でも大変目立ちます。こういった部分はバランス伝送にして、ノイズを防ぎたいものです。

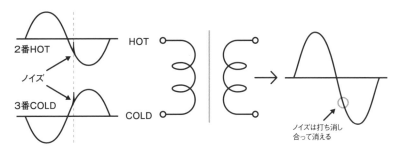

▲図② ノイズ・キャンセルの仕組み

　また、XLRプラグのさらなる利点として、ケーブルの抜き差し時の安全性が高いことも挙げられます。通常、バランスの場合は1番：アース、2番：ホット、3番：コールドという形で信号の伝送を行いますが（次ページの図③）、XLRタイプは接続時にまず1番同士が接触するような構造になっています。オスの方はピンが同じ長さで出ていますが、メスは1番が

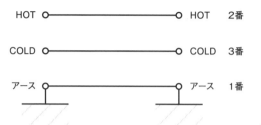

◀図③　バランス伝送

先に出ているわけです。そのおかげでオスとメスがまず同電位になり、接触時にノイズが起きないのです。現場では安全をより考えてケーブルの抜き差し時にはチャンネルをミュートするのですが、それにしてもXLRの構造はよくできていると思います。

02 ▶ スピーカー・ケーブル

　スピーカー・ケーブルは、パワー・アンプとスピーカーを接続する際に使用します。端子は、かつてはバラ線も多かったのですが、出力が大きくなった近年は安全のためにスピコン端子が使われるのが一般的です。

　スピーカー・ケーブルは基本的にアンバランス伝送ですが、それはこの部分にかかる電圧が50V程度と大きいためです。壁コンセントの半分くらいの電圧があるわけですから、多少のノイズが乗ってもほとんど影響は無いと言えます。例えば50Vに影響するノイズと言ったら、20V程度の電気ということでしょう。しかし、そんなものが外部から混入することはまずあり得ません。そういった理由で、スピーカー・ケーブルはアンバランス伝送されているわけです。

◀NEUTRIKのスピコン中継用アダプター（NL4MMX）

▲NEUTRIK NL4の上面（左）と側面

03 ▶ マルチケーブル

　最近では、ステージとコンソールの間はマルチケーブルを使って伝送するのが一般的です（**図④**）。マイクの本数などが多いときに、マイク・ケーブルが10本も20本もステージとコンソールの間をはっていたら外観もよくありませんし、引き回しも面倒です。そういった理由で登場したケーブルで、中身はマイク・ケーブルが8本単位で束になったものだと思ってください。8ch、16ch、24chというように、複数の信号を同時に送る際に重宝します。

　マイク・ケーブルの端子がXLRであれば"先バラのマルチケーブル"と呼ばれますし、ボックスになっていれば"ボックス・タイプのマルチケーブル"ということになります。マルチボックスにはファンタム電源供給スイッチやアース・リフト・スイッチなどの付いた高級機もあり、便利です。

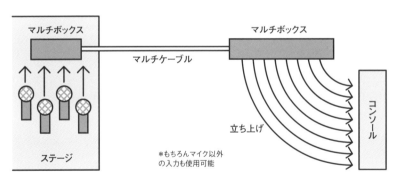

▲図④　マルチケーブルの使用法

◀Whirlwindの16chマルチボックス

04 ▶ 変換ケーブル

　PAではXLRタイプのバランス伝送が基本なのですが、さまざまな理由で民生機を使用するケースも出てきます。例えば、ミュージシャンが持ち込んだCDプレーヤーを接続する場合などがそうですね。
　そういった場合に備えて、PAマンは変換ケーブルを用意しています（図⑤）。"♯100"というのはいわゆるフォーン・プラグのことで、JISで100番と決められているためにこのように記します。また、"RCA"はCDプレーヤー等で使用するRCAピンのことですね。しかし、変換ケーブルを使用すればアンバランス伝送となり、バランス伝送は不可能になることは忘れずに（図⑥）。
　ともあれ、これらの変換ケーブルを組み合わせることで必要なケーブルを作っていくのが、PAマンなのです。やはり、現場に持って行くケースの中はシンプルにしておいた方が良いのですね。

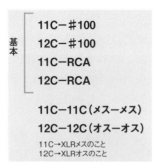

▲図⑤　PAで使う変換ケーブル

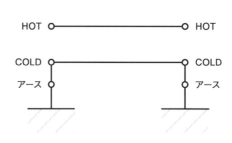

▲図⑥　アンバランス伝送

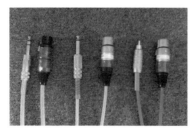

▲変換ケーブル。左からTRS-11、2P-11、RCA-11

05 ▶ 電源ケーブル

　電源ケーブルも、機材に応じて2Pの端子だったり3Pの端子だったり、さらにはC型と呼ばれる形だったりとさまざまです。また、音声信号と同じで2Pならアンバランス、3Pならバランスでの伝送となっています。特に海外製品は3Pを前提にしているので、引き回しには注意が必要です（P64）。

　また、電源ケーブルには100Vの電圧がかかっているので、マイク・ケーブルと並んで引き回すことは避けましょう。マイクの電圧は1mV程度なので、いくらシールドしてあるとは言っても、影響を受けてノイズが乗ってしまいます。

◀電源ケーブル（左からC型、3P、2P。右下にあるのが2Pと3Pを変換するアダプタ）。

応用実践編

PART 1
システムの実際

01 ▶ 簡易PA（店頭・会議室程度のシステム）

　ひとくちにPAシステムと言っても、キャパシティ（主に収容人数のことで、会場の規模を表す）や内容・環境によって、システムにかなりの違いが生じてきます。そこで、この章ではキャパシティと内容の違いによるシステム例を簡単に紹介していきます。

　まずは、"簡易PA"と呼ばれるタイプです。これは"イベント・セット"と呼ばれることも多く、その名の通り店頭でのイベントや、会議室等で使用するシステムです。最低限必要な機材を短時間、省スペースでセッティングすることが重要で、シンプル＆スムーズ重視の仕事となっています。

　システムの内容としては、いわゆるスタンド・タイプのスピーカーとマイク2〜3本、CDプレーヤーなどと8ch程度のコンソール（最近は、デジタル・コンソールを使うことが多くなってきました）、そしてパワー・アンプというのが一般的なところでしょう（図①）。また、このクラスで使用するコンソールにはパワー・アンプ内蔵のパワード・タイプも多く、その場合はコ

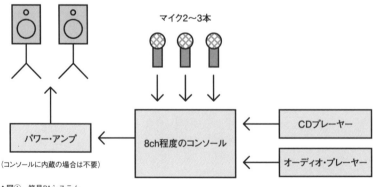

▲図① 簡易PAシステム

ンソールとパワー・アンプの結線の必要がありません。そのため、セッティング時間が短縮される上、結線やコネクターのNGによるトラブルが無い、パワー・アンプが不要なのでスペースを取らないなど、さまざまなメリットがあります。店頭やインストアでちょっとしたライブを行う場合も、このシステムにモニター・システム（モニター・スピーカーとアンプ）とリバーブ等のエフェクターを追加するだけで、PAが可能になります。このシステムはとにかくローコストで、手軽でしかもフレキシブル。いろいろな異なった状況でも、スムーズに対応できるのが特徴でしょう。

スピーカーは一昔前まではBose 802が主流で、「Boseセット」などと呼ばれることも多かったようです。しかし、各スピーカー・メーカーからスタンド使用可能な製品がリリースされ、現状ではずいぶん選択肢が増えました。

こういった現場に呼ばれた場合は、まずは主催からもらったステージ図を確認します（最近は、メールで送られてくる企画書に落とし込んである場合が多いですね）。これで間口等が確認できるので、ケーブル類の長さを想定することも可能になります。また、演台が書いてあったりするので、「ここは卓上マイクにしますか、それともスタンドですか？」などと確認してアレンジしていくのが一般的です。そこで「かっこいい卓上にしてよ」などと言われれば、SHURE MX418D/SやCOUNTRYMAN Isomaxを持っ

▲NEXO PS15-R2

▲Electro-Voice SX300も、イベントでは活躍するモデル

◀SHURE MX418D/S（デスクトップ・ベース付きモデル）

　て行く、といったことですね。もちろん、出演者の人数に応じてマイクの本数を決める必要もありますし、録音の要不要、アタック（登場時のミュージック）やBGMの要不要は、確認しておく必要があります。ただし、CDプレーヤーなどは基本セットとして、ハウスの周辺機器に含まれていることがほとんどです。CDプレーヤー、グラフィックEQ、リバーブ、チャンネル・ディバイダーなんかは1個のラックに入れておけば、現場で急に「歌いたいんですけど」などと言われても対処が可能ですからね。そういう意味では、エフェクト類が内蔵された小型デジタル・ミキサーも、イベントでは活躍する可能性が大きいと言えるでしょう。回線の変更や使用エフェクトの追加などが容易ですからね。

　なお、単発のイベントの場合は取り立てて仕込み図などは用意しません。もらった企画書に、積み込み時の忘れ物チェックというように機材をばーっと書き込んでおく感じです。例えばSx300×2（スタンド）、ミキサーMACKIE.16×1、マイクSM58×5本といった感じで、ケーブルも1本1本は書かないですし、マイクは当然スタンドが込み、というニュアンスです。それで、マイク・ケーブルは10本あればいいかなとか。もちろん、会議室を施工する場合などはきちんとしたリストが必要ですし、ケーブルの長さも厳密に考えないといけません。しかし単発イベントの際はおおむねこんな雰囲気で、"システムを設計"とまで大げさな感じではないのが普通です。

02 ▶ ライブ・ハウス、小中ホール

　昔ながらのライブ・ハウス（ビルの地下などでキャパ100人程度の規模）や多目的な小中ホールでPAをする場合は、基本的にはお店に常設のシステムを使用することになります（ここで考えている小中ホールは、ホールのアリモノを使えるところ、というイメージです）。ですから、それをふまえてさまざまなニーズに応えられるように設計しなくてはなりません。しかも、毎日空きが無いくらいの稼動率で営業しているケースがほとんどとなっていますから、過酷な状況と駆動時間を考えた機材のアレンジも必要です。例えば、マルチケーブルはハウスとステージ間でセットされていて、コンソール側では既にマルチボックスからのパッチングがなされています。つまり、ステージ側のマルチボックスに入力したチャンネルが、コンソールのチャンネルとイコールという状態がほとんどです（図②）。

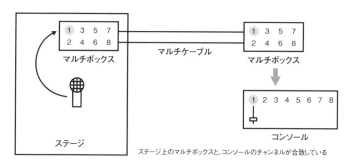

▲図② 　ライブ・ハウスでのマルチボックス

　なお、このクラスの一般的な構成は、壁やステージに設置するタイプのスピーカー・システムに、24〜32ch入力／6〜8ch出力程度のコンソール、バンドものに対応可能な基本エフェクター類、そしてモニター・スピーカー類でしょう。以下、簡単に項目ごとに見ていくことにしますが、外部からのノリコミも多いために、なるべく普遍性のある機材が選ばれることも覚えておきましょう。あまりに特殊な機材では、初めて訪れたエンジニアが扱うことができないわけで、これはこれで困った事態なのです。

■スピーカー

　お店の顔と言えるほど重要なのが、スピーカーとコンソールです。この2つはどうしてもお客さんの目に付きますし、音の傾向もメーカーによってさまざまですから、気を遣うところではあります。ロック系のバンドが出演するライブ・ハウスであれば、そこそこ大きな音が出ないと問題でしょう。また、小さなハコではスピーカーを置くスペースも限られているので、小さくても効率の良いスピーカーを選ぶ必要があります。とは言いながら、あまりに小さいスピーカーですと、ロックなイメージがしないようでいやがられる場合もあるようです。まだまだ、"ロックのスピーカーは壁"というイメージが大きいようですね。

　実際はこのクラスであれば、d&b audiotechnik、FUNKTION-ONE、Meyer Soundといったメーカーのスピーカーが、よく目にするところです。FUNKTION-ONEはTurbosoundの設計者だったトニー・アンドリュースが興した会社で、フライングは可能ですがラインアレイではない、縦長のスタイルに特徴があります。現在主流のラインアレイはスピーカー・ボックスが横長ですが、そんな中Turbosound直系の縦長にこだわっているのが、かたくなで好感が持てますね。そして、こういったスピーカーを2対抗、それにサブローを1本、そして2階席用に1本を別に吊る、といった感じ

▲d&b audiotechnikのラインアレイY8

▲FUNKTION-ONE Resolutionシリーズのフライング例

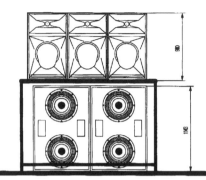

◀図③　片側3/2のスピーカー・セッティング

でしょうか。あるいは3/2(にぶんのさん)、ロー箱が2つに上が3つ、それが片側ですね(図③)。

　また、Meyer Sound UPAシリーズのように、コンパクトな2ボックスを使用しているハコも多いようです。この場合は、サブローだけをステージの下に入れて、上の2本はフライング、といったイメージです。もちろん、Bose 802やElectro-Voice SX300が2本とロー箱の組み合わせや、オリジナルの1ボックスなど、ハコの規模や音楽性、予算に応じてさまざまなスピーカーが使われています。

■コンソール

　このクラスのコンソールに求められるのは、バンド演奏に対応可能な入力チャンネル数と、モニター送りを可能にする出力数、ということになります。

　まず入力数ですが、最低でも4リズム(ドラム、ベース、ギター、鍵盤)の楽器に必要なマイク/ライン、コーラス・マイク、ボーカル・マイク、SEやBGM用のCDプレーヤーなどの再生、アウトボード・エフェクトからの返りを考えると24〜32chは必要です。そしてこのクラスのハコでは、メイン・コンソールからモニター・スピーカーへの送りをケアする"ハウス返し"という手法を取るために、アウトボード・エフェクトへの送りを含めて6〜8chの出力が必要になります。

　中規模のコンソールは実はこの仕様に即したものも多く、YAMAHAで

▲コンソールはアナログに代わり、現在ではほとんどがデジタルに。写真はYAMAHAのデジタル・コンソールQL5

あれば24ch＋ステレオ入力、AUX OUTが8chというのがスタンダードになっています。Soundcraftのコンソールも、よく見かけますね。なおスピーカー同様、コンソールがお店の顔と言えるほどの存在感を持つことは、既に述べた通りです。ですから、スペースや予算、サウンドのことも考えながら、コンソール選びはどの店も慎重に行っているのです。

■アウトボード・エフェクター

　コンソールのデジタル化に伴いアウトボードも基本的にはデジタル・ミキサーに装備されているので、スピーカー・マネージメント・システム(プロセッサー)以外は必要無いのですが、乗り込みオペレーターさんのために今まで(アナログ・ミキサー時代)使用していた機器を残しておくことが多いです。一般的な機材としてはグラフィック・イコライザー(KLARK TEKNIK DN360)、空間系エフェクターのディレイ(t.c. electronic D·TWO)、マルチエフェクター(YAMAHA SPX2000)、リバーブ＆エフェクター(Lexicon PCM96)、インサート系ではコンプレッサー(dbx 160シリーズ)、ノイズ・ゲート(DRAWMER DS201)等です。やはりエフェクター等はデジタル・ミキサーに装備されているとは言え使い慣れた機種の方が良いと言うことですね。

▲Lexicon PCM96

■モニター・スピーカー

　ライブ・ハウスのモニター・スピーカー(コロガシ)と言えばElectro-VoiceのFM-1202、FM-1502、そして少し間口の広いステージの場合サイド・モニターを同じくElectro-Voice SX300というのが定番な時代もありましたが、現在はJBL PROFESSIONAL SRX800シリーズも多く使われています。小さなライブ・ハウスであればモニター専用ミキサーを置くことがなく、いわゆるハウス換えし(ハウス・ミキサーからモニター送りも行う)も多いです。系統数もサイドL/Rに加え各ミュージシャンに1台ずつの4系統〜6系統が主流です。最近では施工者の好みから、あるいはサウンドの統一を考えてモニター・スピーカーもメイン・スピーカーと同じメーカーのものを選ぶ傾向が強いです。

▲JBL PROFESSIONAL SRX812P

◀d&b audiotechnik MAX2

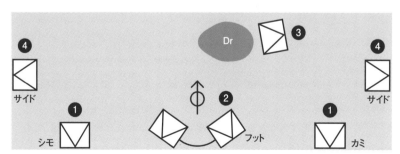

▲図④　モニターの系統例。カミ、シモで1系統、フットで1系統、ドラムで1系統、サイド・フィルで1系統とモニターは出力数が必要

■ノリコミ時の注意点

　最後に、ノリコミでライブ・ハウスを訪れる際の注意点を少し述べておきましょう。ライブ・ハウスの場合は、機材が用意してありますから、基本的には先方の機材を使ってオペレートすることになります。そのため、お店の機材リストを確認しておくことが、まずは必要な作業です。小中ホールなども移動用のコンソールがあれば、調整室ではなく客席でオペレートできる場合もありますから、ここはきちんとチェックしておきましょう。先方の機材で不足がある場合は持ち込みをすることになりますが、小中のホールであれば前項と同様に走り書き程度のリストで対応可能です。またライブ・ハウスの場合であれば、機材を持ち込むスペースが無い場合も多いので、なるべく先方の機材でオペレートするようにしたいものです。

　いわゆる仕込み図／セッティング図に関しては、ライブ・ハウスの場合は規定のフォーマットがあり、出演者が各自書き込むスタイルを取っているのが普通です。ですからPA側としては、バンドから上がってきた仕込み図／セッティング図に対応する形で問題無いでしょう。小中ホールの場合はイベントの形態によりさまざまですが、ホールの機材を使う前提で、オリジナルの仕込み図や回線表をファクスしたりします。デジタル・ミキサー導入に伴い、仕込図や回線表の提出のほかに、事前にコンソールのデータを作っていき、当日現場でそのデータを流し込む（読み込ませる）という方法がとれるライブ・ハウスも多くなっています。

03 ▶ スタンディング・タイプのライブ・スペース

　この項では、キャパシティ1,000人規模のライブ・スペースについて考えてみます。このタイプは、今までのホールやライブ・ハウスとは全く異なり、新しい発想で作られた場所と言えるでしょう。最も特徴的なのは、コンサート・ツアー程度のライブが、PA／照明機材を持ち込むことなく行える、というところです。それだけのシステムとキャパシティがあるということで、以前であればトラックを何台も連ねて機材を持ち運んで行われていたツアーが、非常に手軽に、しかもローコストで行えるわけです。

そういった意味でも、このクラスのスペースが今最も熱くなっています。Zepp系列店、O-EAST、TOKYO DOME CITY HALL、BLITZなどが、このクラスのお店ですね。

なお上記のような事情から、機材的には至れり尽くせりで、スプリッターまで用意されているケースがほとんどです。しかも、音声中継車用に専用のマルチボックスが用意されているなど、PA以外の用途にもフレキシブルに対応可能な場合も多いようです。では、前項同様システムを見ていきましょう。

■スピーカー

このクラスであれば、基本的にはラインアレイを使用することになります。ドーム・クラスのコンサートにも引けをとらないシステムで、ステージの両サイドにスタック（積み上げ）するのではなく、ステージ面の両サイドの天井から吊り下げるフライング方式を用いています。

実際によく見かけるセッティングは、片側8／4（ヨンブンノハチ）、つまりロー箱が4つでハイ・ボックスが8つという構成ですね（図⑤）。ちなみに、ラインアレイは"8個で1セット"ということが多いようです。

もちろん前項同様に、スピーカーとコンソールはお店の顔になりますが、このクラスでは予算も潤沢にあるようで、施工者のカラーを素直に出しやすい傾向にあるかもしれません。L-ACOUSTICS K2、JBL PROFESSIONAL VTX Vシリーズ、Meyer Sound LEOファミリー、NEXO GEO M12、d&b audiotechnik Jシリーズなど、お店によってさまざまなシステムを採用しています。

◀図⑤　片側8／4のセット（上の8はフライング）

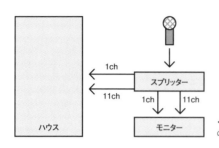

◀図⑥　同回線を利用してチャンネルの使い回しを防ぐ

■コンソール

　いわゆるライブ・ハウスでは、メイン・コンソールでモニターまでまかなっていましたが、このクラスの会場では、モニター・コンソールがステージ袖に独立して用意されます。ですから、メイン・コンソールとモニター・コンソール、2つのコンソールが会場にあることになります。なおこの場合、信号の分岐はステージ上のスプリッターで行うのが一般的です。

　メイン・コンソールは、64chもの入力を備えた大型のものがよく採用されているようです。また、モニター・コンソールは48ch程度、という感じでしょうか。ただし、会場が大きくなったからと言って、必ずしも必要な入力数が比例して増えるわけではありません。では、大型コンソールのメリットはどこにあるのでしょう？

　例えば出演バンドが2つあって、使用するドラムが別々だった場合。こういったときに、バンドごとにセットを組めるのが大変便利なところなのです。回線だけ一緒にして、バンドAのドラム・セットがチャンネル1～10、バンドBのドラム・セットがチャンネル11～20というようにしておけば、香盤表(P157参照)も要らないし、モニター送りなんかはそのまま行えます(図⑥)。そのために、モニター・コンソールのサイズも必然的に大きくなるわけで、メインからエフェクト・リターンと再生系を抜いた分が、モニターの入力チャンネル数ということになります。要は、出演バンドが多いときでもチャンネルの使い回しをしなくても済むよう考えられているのです。モニターの出力に関しても、12～24アウトと多く、インプット同様に使い回しをしなくても済むようにしています。実際に使用されているモデルはほとんどと言って良いほどMIDAS Heritageシリーズでしたが、最近

ではライブ・ハウス／小中ホール同様にデジタル・ミキサーを導入しています。また使い勝手の面から見てアナログ卓と同様のメーカーを選ぶところもあれば話題性の高い最新機種を導入するところも多いようです。モデルとしてはアナログ卓時代から人気の高いMIDASのProシリーズや、こちらもアナログ時代からのSoundcraft Viシリーズ、デジタル卓が発売されてから人気が高まったDiGiCo SDシリーズ、根強い人気を誇るYAMAHA RIVAGE PM7、さらにPA卓としてではなくライブ・レコーディング（マルチ）を簡易に行うことが可能になったAvid VENUE | S6Lと、こちらもスピーカー同様に"顔"となるものです。

◀YAMAHAのデジタル・ミキサー
RIVAGE PM7

■アウトボード・エフェクト

　デジタル卓導入に伴い、アウトボード・エフェクトも基本的にはコンソール内に装備されているものを使うのが一般的ですが、ライブ・ハウスや小中ホールでは、今まで使用していた機材をそのまま残しておき、必要に応じて使用できるようになっています。その中でも、スピーカーを管理／コントロールするスピーカー・マネージメント・システムで最も多く使われているのがDolby Lake Processorです。ほかには空間系のYAMAHA SPXシリーズ、t.c. electronic Mシリーズ、Lexicon PCMシリーズ、インサート系もDRAWMERを代表とするコンプ、ゲート機器もそろっています。

◀どんな会場のスピーカーをもコントロールするDolbyのLake Processor

■モニター・スピーカー

　前項と異なり、ステージ袖のモニター・コンソールを使ってモニター・スピーカーを鳴らすことは既に述べました。モニター・コンソールがステージ袖にあるのは、当然ですがミュージシャンとのコミュニケーションを取りやすくするためです。機材的にも環境的にもきめ細やかなモニター送りが可能になるわけで、使用するモニター・スピーカーもメンバー1人につき1個、というようなことも普通になっています。実際のモデルは、やはりメイン・スピーカーと同じメーカーでそろえる傾向にありますが、サイド・フィルにはシリーズ的にワンランク下のものや、指向性の狭いものが使われます。

■ノリコミ時の注意

　機材に関しては先方のものを使うのが普通ですから、機材リストを提出する必要はありません（逆に、先方の機材リストを確認しておく必要はあります）。必要なのは、バンド側と相談して作成した仕込み図です。先方から送られてきた回線図をもとに、使い回しや、単独で使うものを決め、時には香盤表を作ることもあります。AUXの出し口や数もメーカーによって異なるので、可能であれば、自分の使いやすい順番を希望することもありますね。

　後は電源容量やワイヤレスのチャンネル数さえ確認しておけば、基本的にはスムーズに進むと思います。以前は、ホールとの打ち合わせと言えば"菓子折を持って行く"という世界でしたが、最近は電話とファクス、メールで済んでしまうのが大半ですね。ただし、中には「制作と一緒に来てくれ」と言われる場合もありますし、初めての会場でこちらが不安なので見ておくということもあります。ですから直接行くのが一番ではあるのですが、なかなか時間を割けないのが現状なのです。なお、デジタル卓の場合、マネージャー・ソフトなどであらかじめ設定したものを、当日データの移行をすることでセッティング時間の短縮になります。

04 ▶ ライブ・レストラン

　敷地的にはいわゆるライブ・ハウスより広いのですが、キャパシティ的にはそれほど大きくなく、食事をしながらライブを楽しむスタイルのお店を"ライブ・レストラン"と呼んでいます。300席程度のテーブル席が基本で、収容人数は少ないのですが、クオリティの高いサウンドと食事を提供する、というのがテーマのお店ですね。BlueNote系列店を代表に海外のジャズ・ミュージシャンの出演も多く、その際にはオペレーターも同行する場合があるので、定番かつクオリティの高い機材が入っているのが普通です。レストランのグレードと出演者のクオリティが高いことに加え、悪条件でも音響的なクオリティをキープしなければならないため、機材アレンジはシステム設計の時点でかなり重要なポイントとなります。

　BlueNote系列店以外にも、duo MUSIC EXCAHNGE、MANDALA系列店、Blues Alley Japanなどがこのジャンルに入ります。

■スピーカー

　実際のシステムは、前項"スタンディング・タイプのライブ・スペース"と同等のものが使用されるケースが多いようです。ただし、ジャズやアコースティックものが多いために、爆音系ではないスピーカーが選択されるのは、言うまでもありません。筆者が見た範囲では、スタンディング・タイプのライブ・スペースで使われているメーカーのワンランク小さいシリーズを同じくフライングしているようです。例えば、L-ACOUSTICS KIVA ⅡやKARA、JBL PROFESSIONAL VRX900シリーズ、d&b audiotechn

◀左からL-ACOUSTICSのKIVAⅡ、KARA

ik Tシリーズ、NEXO GEO M6、Meyer Sound LINAなどが導入されています。

　設置に関しては、場所的な問題もありフライングが一般的ですね。ステージのすぐ横にまでお客さんがいますから、サービス・エリアが広いことに加え、見切れを注意する必要もあるわけで、必然的にフライングすることになります。さらに、中抜け用に真ん中にスピーカーを置くほか、客席の至るところにもスピーカーを設置してなるべくデッド・ポイントを無くしています。

　また、意外にも"生音にPAをちょっとプラス"というニュアンスではなく、きちんとPAすることを望まれることが多いのがこの現場です。特に海外ミュージシャンの連れてきたエンジニアなどは、どうやら"どこでもスタジアム"という感覚でオペレートしているようなのです。そこでスピーカーが「バリッ」っとなったら問題ですから、そういった意味でもクオリティが高いシステムが導入されているのでしょう。

■コンソール

　コンソールもスピーカー同様にスペースの割には使いやすさやクオリティを求められるので最近ではアナログ卓〜デジタル卓に変わりました。そのため以前は狭い場所にMIDAS Heritageシリーズ等の大型コンソールとエフェクターを設置してオペレートしていましたが、デジタル・コンソールに変更したことで今までのスペースを有効に使えるようになりました。しかも必要なエフェクター類はほとんどミキサーに装備されているのでかなりの有効スペースが得られます。代表的な機種はアナログ時代から好評のMIDAS PROシリーズ、Pro Toolsでマルチレコーディング（P152簡易レコーディング参照）が可能なAvid VENUE | S6L、世界的に人気の高いYAMAHA CL5などです。このライブ・レストランのPA席は、スタンディング・タイプのライブ・スペースのように決して条件の良い場所ではないので、デジタル・コンソールの得意なことの1つとして、PCによるリモート・コントロールを使うことで会場内のさまざまな場所での調整が可能です（P148"リモート・コントロール"の項参照）。

■アウトボード・エフェクト

前項目同様にデジタル・ミキサー導入によってほとんど必要なくなりましたが、やはり、音にこだわるオペレーターさんのためにチューブ（真空管）式のエフェクターや、定番のリバーブ（Lexicon 960LS）等を設置しているところもあります。

■モニター・スピーカー

ライブ・レストランの場合、デカい音というよりも、小さい音圧でもよく聞こえるタイプが好まれるのでMeyer Sound MJF-212Aや、CLAIR BROTHERS 12AM、d&b audiotechnik MAX2等が多く使われています。

■ノリコミ時の注意

事前の用意は前項とほぼ同様ですが、当日は"レストランの中で仕事をしている"という意識を持つことが大事です（まあ、周りの雰囲気からいやでも意識してしまうでしょうが……）。つまり、スーツとまでは言いませんが、ステージに出る人間はきちんと黒子（黒装束）になっておく必要があります。お店によってはコヤ付きのPAマンはユニフォームを着用している場合もあるくらいですから、普通のライブ・ハウスとは違うということを、忘れないようにしましょう。

05 ▶ アリーナ／ドーム／野外／シアター

アリーナ以上の会場になると、皆さんがすぐにかかわることができるような規模ではありません。実際にシステム設計やオペレートをするまでには、多くの時間が必要になるでしょう。この項では、そんな大規模な会場のシステムについて、簡単に見ていくことにします。

■アリーナ

一昔前までは、コンサートと言えば2,000人クラスのアリーナ（大ホール）が主流でした。しかし、最近では各地にドームと呼ばれる多目的のスペー

スができたために、ドーム・コンサート(コンサート・ツアー)が主流となってきています。とはいえ、アリーナ(大ホール)も催し物、コンサート、発表会とさまざまな用途に対応すべきシステムを確立しなければなりません。

そこで、アリーナ(大ホール)で現在主流となっているのがデジタル・コンソールの導入でしょう。日々内容の変わる催し物と、毎週／毎月同じ内容のもの(いわばレギュラー)、それぞれに応じたシステムを考えると、デジタル・コンソールの導入によるメリットは計り知れないものがあります。

最も大きなメリットは、シーン・メモリーによる過去のデータの再現ですね。レギュラーものであれば、ボタン1つで以前の設定を呼び出すことができるのです。アナログ・コンソールではいちいち人力で設定をやり直さないといけないので、その差は歴然としています。しかもデジタルの場合はエフェクト類も内蔵しているので、エフェクトの設定や結線も含めて、簡単に呼び出すことができるのも大きなアドバンテージです。アナログ・コンソールであれば、周辺機器のアレンジも含めて復旧しないといけないわけですから。またエフェクト類が内蔵されていることで、調整室のスペース・ユーティリティに優れているのも、うれしいところです(アナログのアウトボードが不要なわけですからね)。

スペース・ユーティリティに関して言えば、アナログで32chクラスのスペースで、48〜96chのデジタル・コンソールを設置できるのも大きいです。しかも、出力数も12〜48chを必要に応じて選択／増設できるので、便利

▲Avidのデジタル・コンソールVENUE | S6L

なことはこの上ありません。

　もちろん、アナログ信号の引き回しが短い分、音の劣化が少ないというのもデジタル・コンソールの特徴です。カミ、シモのパッチ盤と調整室のパッチ盤の、すべてにI/Oラックが入っていて、さまざまなパッチングをフレキシブルに可能にしているのが一般的です。

　またスピーカーも最新型を導入し、コンサート・ツアー以外の単発ライブにいたっては持ち込みをすることなく行える環境を整えてあります（逆に言えば、コンサート・ツアーの場合はほとんどすべての機材を持ち込むことになりますが）。

　さらに、オペレーションを調整室ではなく客席で行えるように、移動可能なコンソール（調整室にあるものと同等）や周辺機器（ダイナミクスはもちろん、イコライザーや空間系も含む）に加え、ステージ両サイドにスタック可能なスピーカーを装備しているアリーナ（大ホール）も少なくありません。

■ドーム

　こちらはアリーナ（大ホール）と違い、そもそもコンサート（催し物）を主体として作られたものではありません。ご存じのように、野球やアメフトなどのスポーツ競技を、天候に左右されず大勢の人に見てもらうために作られた施設なのです。ですから、音響特性的には今まで紹介してきた施設に比べて、かなり厳しいものがあります。ただ、大勢の人（数万人単位）が天候に左右されずにコンサートを見られるといった利点は、他の施設ではかないません。特に、ワールド・ツアーを行う海外のアーティストにとっては欠かすことのできない施設で、必ずと言っていいほどコンサート・ツアーに選ばれる場所です。もちろん、日本のビッグ・アーティストのコンサート・ツアーの会場でも必要不可欠となっています。また、以前は東京にしかなかったドームも今や全国の主要都市には必ずありますので、全国ドーム・ツアーも可能になりました。

　システムは、常設機材は使わずにすべて仮設します。実際の使用機材に関しては、公演の規模や内容によってさまざまで、一概に述べることは

できません。ただ言えるのは、スピーカーはほぼ100％フライングで設置して、音圧や音質の均一化を図っている、ということでしょう。また、フライングによりステージの見切れが少なくなり、客席数をより一層確保できるようにもなっています。ステージにスピーカーをスタックしていた時代では、見切れにより多くの観客席が使えなかったわけで、これは大きな進歩と言えるでしょう。

■野外

　文字通り野外の駐車場や埋め立て地（空き地）などの巨大なスペースをコンサート会場に使用するタイプです。

　システム設計は基本的にドーム・クラスと同じですが（遠距離用のスピーカーが増える）、キャパシティの違いと（数十万人規模）、野外ということで天候によるさまざまなリスクが伴うことが大きな特徴です。

　天候によるさまざまなリスクとは、簡単に言いますと雨天対策ですね。小規模の会場やイベントでは雨天中止はよくあることですが、この規模になりますと雨天時でも中止せず行うことが当たり前で、雨天による問題やトラブルを避けなければなりません。当然膨大な電源を使用していますので感電／漏電等の対策はもちろんのこと、コンサートで使用するPA機材をはじめ楽器／照明／舞台装置にいたるまで、すべてに関わる問題です。

　そのため、雨天で影響のある場所にはテントが設営されますし、ステージの天井には屋根が用意されます。また、メイン・スピーカーをフライングするスピーカー・タワーにも屋根が用意されますが、残念ながら吹き込みなどがあり完全な対策ではありません。そして、客席には"養生"が無いため、ステージとPA席をつなぐケーブル等の養生はかなり気を遣う部分です。

　野外でのコンサートでのもう1つの問題として、気温の変化に伴う音質の変化が挙げられます。基礎知識編で述べたように（P33参照）、気温による音の通り方の違いは大きな問題となります。キャパシティの違いは機材を増やすことでクリアになりますが、こういった自然を相手にする問題に関しては、基礎の部分で音の性質を知り、電気の知識を押さえていること

がトラブル回避の重要な部分となるのです。

■シアター

　今まで述べた以外に、シアターと呼ばれる多目的スペースがあります。

　シアターは出し物によってステージや客席を自由に変えることが可能なので、スペースの制約を最小限に抑えることができます。ファッション・ショーからミュージカル（芝居）まで、ありとあらゆるパターンに対応できるスペースです。そのため機材もある程度の設置が施されていますが、レイアウトの変化に対応できるような設置が考えてあります。

　シアターの最大の特徴は、スピーカーのシステムです。これは多用なニーズに対応しつつもあまり存在感を出さず、なおかつどのような音楽ソースにも耐えるクオリティが要求されます。そこで、最近ではコンパクト（ミニ）なラインアレイを各社（ラインアレイ・タイプ所有のスピーカー・メーカーのd&b audiotechnik、Meyer Sound、NEXO、L-ACOUSTICS、Electro-Voice、MARTIN AUDIO等）ラインナップに取りそろえています。

　また、コンソールもスペース・ユーティリティを考慮し、コンパクトでオールインワンなデジタル・ミキサーを採用しています。伝送もイーサネットを採用するRolandのM-5000やMADI接続が可能なSoundcraftのVi2000などが便利です。

▲Rolandのミキシング・システムM-5000

▲Soundcraftのデジタル・ミキシングコンソールVi2000

06 ▶ ネットワーク構築／無線LANを使った調整及び管理

　近年はネットワークを使った伝送や、アンプ、コンソールなどのコント
ロール、調整や管理、さらにライブやイベントのリアルタイムによる音楽
(映像)配信が日常的に行なわれています。

■デジタル伝送

　"ネットワーク"というと、一般的には複数台のコンピューターを接続し
て相互に通信する手段を指しますね。皆さん、コンピューターを使ってイ
ンターネットで買い物をしたり、メールのやり取りをしたり、データの送
受信を行ったりすると思います。このネットワークの技術は音響分野にも
活用され、デジタル機器同士をつなげ、操作することに使われています。
音響機器のデジタル伝送システムは、メーカーや機種の違いでいくつかの
方式に分かれます。見ていきましょう。

①EtherSound

　最近ではほとんど使われていませんが、LAN (CAT) ケーブルを用いた
システムで、YAMAHA PM5DやLS9などで使用できました。

②REAC (Roland Ethernet Audio Communication)

　CATケーブルを用いるRoland独自の伝送システムで、他の機器とは互
換性がありませんが、同社が提供するコンバーターS-MADIを利用するこ
とでREAC機器とMADI機器をつないで使用できます。

③MADI (Multichannel Audio Digital Interface)

　75ΩBNCタイプのコアキシャル・ケーブルや、SCタイプのオプティカル・
ケーブル (光) を利用する伝送システム。オプティカル・ケーブルを用いる
と2,000mの伝送が可能となります。①②と同じくCATケーブルを用いる
機種もあります。DiGiCo、Soundcraftなどが採用しています。

④Dante

　Audinateが開発したデジタル・オーディオ・ネットワークの規格で、CATケーブルを用いて最大512chの音声信号を非圧縮で送受信できます。さらに、スイッチング・ハブを介することで、さまざまな機種をつないでのネットワーク構築も可能です。現在ではDante接続が主流で、YAMAHA、SHURE、TASCAM、CROWNといったメーカーが採用しており、デジタル・ミキサーに限らずワイヤレス・システムやパワー・アンプ、プロセッサーや各種オーディオ・インターフェース、プラグイン・カードにいたるまで、さまざまな機器が対応しています。

■システム・チューニング

　システム・チューニングとは、ホール、劇場、ライブ・スペース、スタジアム(屋外会場を含む)等の会場に、パフォーマンスに適した機材をアレンジして調整を行うことです。調整を行うソフトウェアは各社さまざまで、Meyer SoundのSIM (Source Independent Measurement)システム、Galileo GALAXYによるスピーカー・マネージメントが先がけでしたが、現在ではrational acousticsのソフトウェアSmaartの出現のおかげで、個人でも手軽に行うことができます。

　調整方法としては、いずれも会場内の各場所(PA席、ステージ前、メイン・スピーカー前、2階席、3階席を含めた客席のあらゆる場所)に測定用マイクを置き、コンソールから信号(ピンク・ノイズ等)を再生して原音とマイクで集音した波形を見比べ調整をします。波形を見比べることにより音圧、位相、各周波数のピーク、ディップ・ポイントの確認ができます。

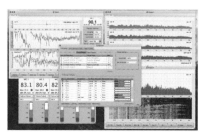

◀Smaart v8の画面

■リモート・コントロール

　先述のデジタル伝送同様に、離れた場所での遠隔操作や、アンプ、プロセッサー等の管理にもネットワークが用いられます。この方法も２種類あり、LANを用いた方法が多いです。LANも有線LANと無線LANとありますが、当然無線LANは文字通り線がつながっていないため場所の制約が少なく便利なものの、切れる可能性（リスク）は多いのに比べて、有線LANは線がつながっているためリスクは少ない代わりに場所の制約が非常に多いです。コントロールするのはノート・パソコンが一般的ですが、タブレットですと持ち歩くのに便利です。最近は各メーカーともPCのソフトだけでなくiPad対応アプリを用意しているところが多く見受けられます。発想は違いますがワイヤレス・マイク同様に便利さを取るか安全性を取るかはその時々で考えなければならない問題です。

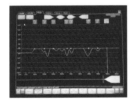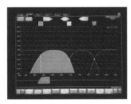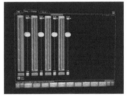

▲Dolby Lake ProcessorのPCコントロール画面

▲L-ACOUSTICS LA NETWORK MANAGER等のアンプ(EQ)管理（PCコントロール画面）

■音楽配信

最近のライブやイベントでは欠かすことのできないのが音楽配信です。ライブ配信を行うことで、場所、地域の制約により行けない催し物に対して数多くの人が"参加"できるようになりました。さらに、配信を利用した全国会議や、多数エリアでの同時開催イベントなども珍しくありません。

簡易的な配信システムから放送局に引けを取らない配信システムまで幅は広いのですが、接続などはいたって簡単。会場に専用回線（インターネット）とビデオ・カメラと、マイク（ライブの場合PA OUT＋オーディエンス・マイク）を、オールインワンの配信専用機（Roland VR-50HD MKⅡ、VR-4HDなど）等に接続して配信を行います。

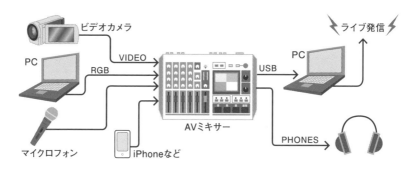

▲図⑦　配信の際のシステム例

◀▲配信に活用できるオールインワンのAVミキサー
Roland VR-50HD MKII（左）とVR-4HD（右）

07 ▶ 芝居／ミュージカルなどの効果音と音楽の音出し

■CDなどスタンドアローン機器での音出し

　一昔前は音出し（再生）は、オープン・リールを使用していましたが、テープのランニング・コストがかさみ、簡易性に優れないという点から、ディスクによる再生が主流となりました。しかし、音質で優れているCDは編集が困難だったため、次に使われ出したのが簡易サンプラー（Roland SP-404SX等）でした。これらは、CD並みの音質に優れた編集機能、簡易性、操作性、安心感、メディア（内部メモリーやSDカード、コンパクト・フラッシュ）の安さを兼ね備え人気となっています。

▲Roland SP-404SX

■PCを用いた音出し

　最近、ほとんどと言っても過言ではないほどPCベースのソフトが、音楽、SE出しに用いられています。代表的なものとしてAbleton Live、ドラム・サンプラーで有名なNATIVE INSTRUMENTSのBATTERY等です。これらは、PC（Windows、Mac）を用いたソフトウエアで、音出しの操作は、テンキーやキーボード、それぞれのソフトに対応した専用パッド等を用います。入出力に関してはPCとオーディオ・インターフェース（RME Fireface UC、MOTU UltraLite-mk3 Hybrid等）を用いることで多チャンネル（マルチ）の入出力が可能です。この方法を用いることで音質はもちろん、編集、

そして数台のスタンドアローン機器を同時に何台も使用しているかのごとく音出しができます。さらにMIDIを利用するとキーボード操作でこのソフトウエアと他のサンプラーなどのMIDI機器をシンクロさせる仕様も可能です。

▲Ableton Liveの画面

▲NATIVE INSTRUMENTS BATTERYの画面

08 ▶ 簡易レコーディング／マルチレコーディング

■簡易レコーディング

"簡易レコーディング"は、いわゆるメモ録です。PAをしている場合には、ミュージシャンから「録ってください！」と頼まれることが多いですね。方法としてはメイン・コンソールのマスター・アウトをパラって録音機器に接続したり、MATRIX OUTのメイン送りを録音機につなげます（図⑧）。ただし、これはあくまでメモ録であり、実際に客席で聞いているような音にはならないので注意してください。ラインだけの音が録音されているわけですからね。

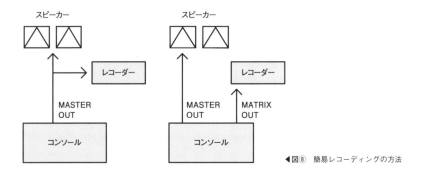

◀図⑧　簡易レコーディングの方法

ミュージシャンもメモ録を聞くとがっかりしてしまう場合があるのですが、例えば「ギターが全然聞こえない」ですとか、「バランスがおかしい」というのは、よく言われる感想です。でも、メイン・コンソールのライン・アウトの音ですから、これは仕方が無いことなのです。例えばエレキ・ギターなどは、ギター・アンプ自体からの出音が大きいために、小さな会場ではそれほどPAする必要はありません。ですから、メモ録にはギターが小さい音でしか入っていない（図⑨）。リバーブなども、PAした際に"それらしく"聞こえるようにかけているので、ラインだけの音を聞くとおかしい場合も多くなってしまいます。ですから、ミュージシャンにメモ録を頼まれた場合は、「これはあくまで参考用で、実際に会場で鳴っている音とは違います」ということを指摘しておいた方が無難です。

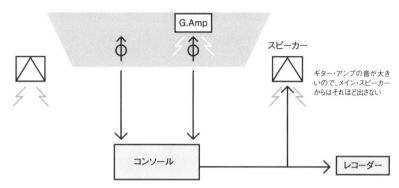

▲図⑨　メモ録ではラインものの音が大きい

　なお最近は、パソコン・ベースのハード・ディスク・レコーダー等を使用すれば、比較的簡単にマルチトラックでのレコーディングが可能になっています。この場合、例えばGROUP OUTで楽器をいくつかのグループにまとめて、単独で録音したいボーカルなどはDIRECT OUT経由で、さらに会場のエアー録音を直接、といった感じでレコーダーに送ります（図⑩）。そうすると、レコーダーのトラック数にもよりますが8〜16trでのマルチレコーディングが可能になり、ライブ・レコーディングのミックス・ダウンを楽しむこともできるのです。

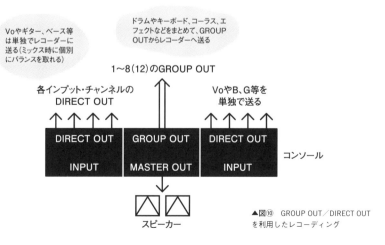

▲図⑩　GROUP OUT／DIRECT OUTを利用したレコーディング

またデジタル・コンソールの中には、ハード・ディスク・レコーディング・システムのI/Oとして機能するモデルも登場しています。こういったコンソールを使用すれば、より高度なレコーディングがストレス無しに行えるようになるでしょう。これまでは、本格的なレコーディングであれば専用の回線を確保して、コンソールやモニター・スピーカーを持ち込むなど、大がかりな準備が必要でした。しかし、今後はメモ録くらいの気軽な感覚で、コンサートのマルチレコーディングが可能になりそうです。

さらに、デジタル・ミキサーの場合、本体のUSBメモリー(データのやり取り用)を利用したレコーダー機能を装備するものもあります。この場合、USBメモリーを直接渡しても良いのですが、データ(MP3、WAV)をコピーして渡すことができるので喜ばれます。

■マルチレコーディング

Pro ToolsやCubase等のPCベースのマルチレコーダーはPA現場ではなじみが薄かったのですが、デジタル・ミキサーの登場以来、ライブ・レコーディングには欠かせない存在になりました。ライブ・レストランのコンソー

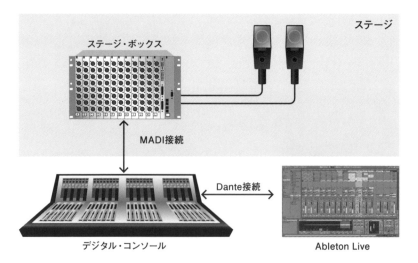

▲図⑪　Ableton Liveとデジタル・コンソールをDanteで接続。マイクなどが接続されたステージ・ボックスとはMADI接続し、Ableton Liveでライブ・レコーディングを行う

ルでもちょっと触れましたが、ライブ時のライブ・レコーディングが日常となっている場所では、プランの段階でライブ・コンソールとマルチレコーダーとのシステムをあらかじめ考慮します。その代表的存在がAvid VENUE＋Pro Toolsのシステムです。このシステムはPA用にインプットしたソース（マイク、ライン）がマルチレコーダー（Pro Tools）用に接続しなくてもミキサー内部でデジタル処理してレコーディングできるシステムです。さらに、マイク（ライン）を接続したチャンネルと同じチャンネル（トラック）で録音することで、リハーサル時にレコーディングした楽器（ミュージシャン）を生の演奏無しに再生することにより全く同じ条件でリハーサル＆チェックが行えます。このシステムによって、ツアー等でミュージシャンの入りが遅くなったり、移動の都合でリハーサルが行えない場合でもミュージシャン無しでリハーサルを行うことができます。

　しかし、簡易になったとは言えAvid VENUE（S6L等）＋Pro Toolsのシステムはそれなりに高価です。そこで最近では、SEや音楽再生にも使われているAbleton Liveを使い、Dante接続でマルチレコーディングを行うことが多くなってきています（図⑪）。ただ、この方法もPCベースであり、フリーズのリスクは伴います。多少値が張りますがスタンドアローン機器のSOUND DEVICES 970やTASCAM DA-6400等を使用するエンジニアも多いです。もちろんDante対応です。

　その昔、ライブ・レコーディングをマルチで行うにはレコーディング・モービル（バス等を改造した動くスタジオ）や、楽屋等にレコーディング・スタジオを再現するかのような機材を持ち込んで行わなければなりませんでした。時代の差を感じます。

◀SOUND DEVICES 970

156　応用実践編

PART 2
PA関係図表類

01 ▶ 回線表／香盤表

　"回線表"はインプット・プランとも呼ばれますが、どれだけの回線を、どのように使用するかを書いた表のことです（**図①**）。

　図を見れば分かると思いますが、どの楽器にどんなマイクが立っているか、ラインものは何系統あるか、そしてそれぞれがどのチャンネルに立ち上がっているかが、この表を見ることで確認できます。縦にチャンネル数、横に楽器の種類、マイクの種類、スタンドの有無が並んでいますね。

　また、この図の場合は"香盤表"と呼ばれるものも兼ねています。香盤表とは、出演者が多数いる場合の、回線の使い回しを表にしたものですね。全部の出演者に専用の回線を用意できれば一番良いのですが、60〜70chになるようなプランは現実的ではありません。そこで、必要最低限の回線に落とし込むために、回線を使い回す必要が出てくるのです。そして香盤表を見れば、どの出演者が何を使うかが、"●"によって一目瞭然となっています。この表は出演者が1バンドであれば不要なのですが、バンドによってパーカッションを使うとかキーボードを使うとか、ややこしい転換がある場合は絶対に必要になってきます。

　こういった表は、プランを考えるときにももちろん必要なのですが、最も重要なのは実際に仕込んで、リハを進行するときですね。この図の場合はマルチの回線ですので、ステージの人間が仕込む際や、必要に応じて回線を抜き差しする場合に指標となるわけです。

　なお、回線表がメイン・コンソールのチャンネルになっている場合もありますが、その場合はマルチの回線と必ずしも一致はしていないので、ステージの人間にとっては分かりにくいことになってしまいます。そこで、一般的にはマルチの回線表を元にして、ハウスの人間が自分用のバージョンを作るということが行われています。まあ現在であれば、それがシーン・

メモリーやミュート・グループに置き換わっている、と考えれば良いでしょう。リハーサルを進めながら必要なものをオンにしていく。そうすれば香盤表が無くても、"1バンド目はシーン1"というように対応することが可能です。

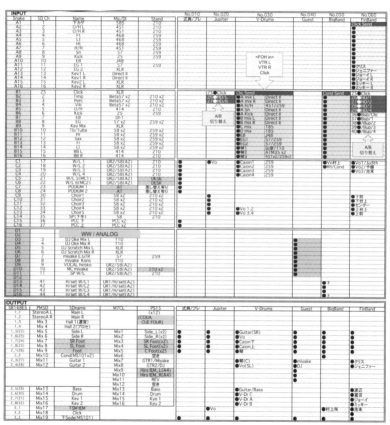

▲図① 香盤表も兼ねた回線表

02 ▶ 仕込み図／セッティング図

　"仕込み図"（**図②**）は、「これ1枚あれば打ち合わせ無しでも当日でOK」と言えるほど重要な書類です。「これ頼むね」と言って仕込み図を渡せば、知識のある人間であれば2〜3質問をするだけで仕事に入れます。

　では、仕込み図に何が書いてあるかと言えば、そのイベントのスケジュールをはじめとして、ステージ上の出演者の配置、マイクやスピーカーの位置（場合によってはマルチやDIの位置も）、そして回線表と、まさにPAに必要な情報が全部入っているわけです。レストランで言えばメニューのようなものですから、いかに分かりやすく、少ない文字量で多くの情報を伝えるかが大切です。

　仕込み図はPAスタッフ用の、いわば裏方サイドで使うモノですが、ライブ・ハウスなどにはバンド側が自分たちで記入する"セッティング図（セット図）"（**図③**／P160）が用意されているのが普通です。

　各お店ごとにフォーマットがあるのですが、出演者の立ち位置と、マイクの有無、そして使用するアンプを各出演バンドが書いて、公演前にコヤに渡しておく。そうするとライブ・ハウス側でセッティング図をとりまとめて、仕込み図を作るわけですね。ですから、セッティング図の1つ上のランクに仕込み図があると考えて良いでしょう。

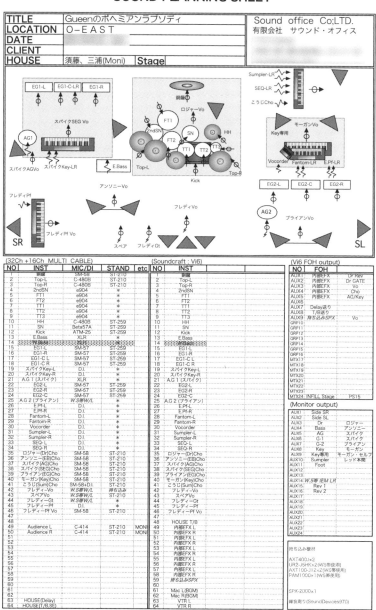

▲図② 仕込み図の例

セット図

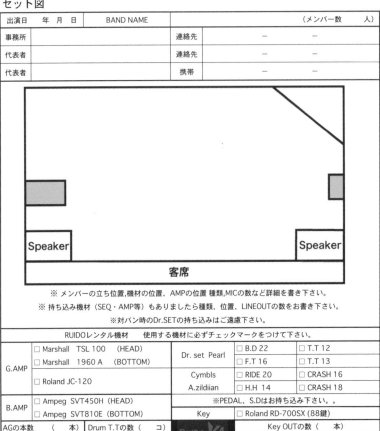

▲図③　新宿ルイード（www.ruido.org/k4/）のセッティング図（セット図）

03 ▶ ホール打ち合わせ表

　ホールでPAをする場合には、ホールの決まり事や電源容量などを確認しておく必要があります。ホールによってはガムテープが使用禁止だったり、ケーブルのはわせ方に指定があったり、さまざまな規則があるものです。例えば普通だとマルチが50mで届くような会場でも、「ケーブルは客席の扉下ではなく上を回してください」となると、延長用に30mのケーブルが必要になったりします。また、電源容量や電源の位置も大きな問題で、持ち込む予定の機材がきちんと使えるのか、チェックしておかないといけません。人によっては、照明の直回路でフロアから取ることをノイズの関係でいやがって、純粋なPA電源が欲しいという場合もあるでしょう（図④）。また、PA席にはいわゆる平衡（100V／1.5A）だけなのか、それともきちんとC型（30A）が出ているのか。もちろん、PA席の場所、ワイヤレスの使用チャンネル、搬入動線、退館時間など、確認するべきことは数多くあります。

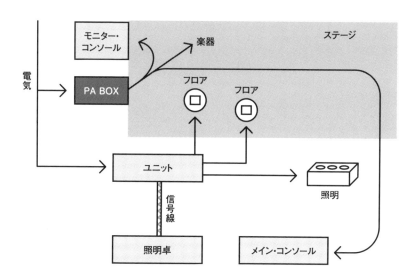

▲図④　フロアの電源は照明の影響を受けやすい

162 応用実践編

　そして、こういったさまざまなことをホールと打ち合わせする際に、持って行くのが"ホール打ち合わせ表"（**図⑤**）なのです。これは各PA会社が自社で作成しているのですが、書かれてある項目を1個1個チェックしてさえいけば、どんな不慣れな若者が打ち合わせに行っても大丈夫、ということになっています。どこかに提出する書類というわけではないのですが、事前の準備には欠かせない、大変重要なものと言えますね。

ホール　打ち合わせ表

日　時	年　月　日　～　　年　月　日					
ARTIST						
ホール				TEL		
担当者						
電　源	下　手　ＡＣ　型　平行	□	特電		MAIN AMP	□
	上　手　ＡＣ　型　平行	□	照明電源		MONITOR	□
					HOUSE	□
	ＰＡ席　ＡＣ　型　平行	□			Musical Instrument	□
SPEAKER	高さ制限　　　　　　m		ラッシングベルト			
	防火シャッター					
	奥行き　　　　　　　m					
MULTI　PA席	客席　　大外		ガムテープ　客席			
	センター		ステージ			
	ＰＡ席　指定　有り		マット　有り			
	無し		無し			
ホールレンタル	ホール送り　手　系統		ＰＡ席用　テーブル　有り			
	プロセ使用　有り		無し			
	無し					
駐車場	4t		高さ制限			
	3t		搬入口　直　エレベーター　リフト			
	HiAce		階段			
MENO						
イベンター				TEL		

▲図⑤　オリジナルのホール打ち合せ表

04 ▶ 機材リスト

　機材リストは、PA会社のものとホールやライブ・ハウスのものに大別できます。

　PA会社の機材リストは、基本的には所有している機材のリストということで、レンタル料金込みでリストになっているのがまず1つ(これは対外用ですね)。それから、チームに分かれて動いている場合や、修理に出ている機材がある場合などの、確認用として用意されている場合もあります。また、大きな仕事の際には、SM58が何本、立ち上げが何本というように、リストにしておくと、仕込み図と照らし合わせながら積み込みができて便利です。要は、積み込みや準備のときの参考になるわけで、自分たち用のリストということですね。持ち込む先の会場に対して、「こんな機材で行きますよ」とわざわざ知らせることは、あまりありません。

　一方、ホールやライブ・ハウスの機材リスト(図⑥/次ページ)は、ノリコミでオペレートする際には絶対に確認しておくべきものです。気の利いたお店であれば、Webサイトに掲載していたりするので、皆さんも見たことはあるでしょう。スピーカーから始まりコンソール、アウトボード・エフェクトからマイク、楽器、照明まで、使用可能な機材がリストアップされています。

なんば Hatch 音響システム主要機材リスト (NO-1)

名　称		品　番	数量	備　考
■コントロールルーム関係				
ミキシングコンソール	MIDAS	XL8	1台	96chアンプリケーションメインシステム付き他
デジタルリバーブ	Lexicon	PCM-91	1台	
	t.c.electronic	system6000	1台	STEREOエフェクト×2
デジタルディレイ	t.c.electronic	D-TWO	2台	
	Roland	SDE-3000	1台	
マルチエフェクター	YAMAHA	SPX-2000	2台	
CD	TASCAM	SS-CDR200	2台	
CDレコーダー	TASCAM	CD-RW-750	2台	
HDレコーダー	TASCAM	DV-RA1000HD	1台	USB端子のPC用ダウンロード可
■メインスピーカーシステム				
メインスピーカー	L-ACOUSTIC	K-1	18台	フライングスタック
	L-ACOUSTIC	KARA	4台	フライングスタック
サブウーファー	L-ACOUSTIC	SB-28	8台	
フロントフィル&スピーカー	L-ACOUSTIC	DV-DOSC	4台	仮設用
メインスピーカー内蔵パワーアンプ	L-ACOUSTIC	LA-8	14台	230V仕様
フロントフィル&スピーカー内蔵パワーアンプ	L-ACOUSTIC	LA-48	2台	230V仕様
デジタルプロセッサー	DOLBY	LAKE	2台	メインスピーカー/フロントフィル用
■モニターシステム				
ミキシングコンソール	MIDAS	XL8	1台	96chアンプリケーションメインシステム付き他
GEQ側リモートコントローラー	KLARK TEKNIK	Helix Rapide	1台	XLB内蔵のGEQリモートコントローラー
マルチエフェクター	YAMAHA	SPX-2000	1台	
■モニタースピーカーシステム				
モニタースピーカー	d&b audiotechnik	M2-MONITOR	18台	(M,MONIBを含む)
	d&b audiotechnik	MAX-ML	2台	
サイドフィルモニター – HIGH	d&b audiotechnik	C7-TOPNL	2台	
サイドフィル&スピーカー – LOW	d&b audiotechnik	C7-SUB	4台	
ドラムフィル用モニター	d&b audiotechnik	C4-SUB	2台	
パワーアンプ	d&b audiotechnik	AD-80	9台	4CHAMP
	d&b audiotechnik	P-1200A	2台	C4SUB専用
マイク分配システム				
マイク分配スプリッター	MIDAS	DL-431	3台	7CH
■マイク関係				
マイクロホン	SHURE	SM58-LCE	12本	
	SHURE	SM57-LCE	10本	
	SHURE	BETA58A	10本	
	SHURE	BETA57A	10本	
	SHURE	BETA87C	4本	
	SHURE	SM58-SE	6本	HOUSEメ/ MONITORメ(П仕様)
	SHURE	BETA52	4本	
	SHURE	BETA56	8本	
	SHURE	BETA98D/S	8本	
	SHURE	BETA91	4本	
	AKG	C414B-XLS	4本	
	AKG	C414B-XLII	2本	

なんば Hatch 音響システム主要機材リスト (NO-2)

名　称		品　番	数量	備　考
■マイク関係				
	AKG	C40OBcomb-ULS/61	4本	
	AKG	C451B	6本	
	AKG	D112	2本	
	NEUMANN	KM-184	4本	
	SENNHEISER	MD-421II	8本	
	SENNHEISER	e609	4本	
	SENNHEISER	e904	8本	
	Electro-Voice	N/D-468B	8本	
	audio-technica	ATM-25	2本	
	audio-technica	AE-2500	2本	
	audio-technica	AT4050/CM5	4本	
	LEWITT	MTP540S	4本	
		MTP540S	4本	
		MTP440	2本	
		DTR640REX	2本	
		DTP340	4本	
	DPA	d:facto II	4本	
	EARTHWORKS	SR40V	2本	
	AMCRON	PCC-160	4本	
	BARCUS BERRY	4000	2本	ピアノ/用PU
ダイレクトボックス	BSS	AR-133	6個	
	COUNTRYMAN	TYPE-85	12個	
	Radial	JDI MK3	4台	PASSIVE 1CH DI
		JDI DUPLEX Mk4	4台	PASSIVE 2CH DI
		J48	8個	
	AVALON DESIGN	U5		
ワイヤレスシステム A帯-6波 / B帯-2波 (オプション増設)				
ワイヤレスチューナー	SHURE	UR4D	3台	A型×6波
ハンド型ワイヤレスマイクロホン	SHURE	UR2	6本	A型
ワイヤレス交換用マイクヘッド	SHURE	BETA58	6個	
	SHURE	BETA87A	6個	
■スタンド・マルチボックス				
マイクスタンド	K&M	200	5本	ストレート
	K&M	210	20本	小型ショートブーム
	K&M	259	20本	大型ショートブーム
	K&M		6本	大ベースストレート
	K&M		6本	大ベースブーム ショートブーム
	K&M		6本	大ベースブーム ロングブーム
	K&M		6本	大ベースブーム ショートブーム
	K&M		4本	卓上小ショートブーム
	TAKASAGO		2本	木ベース ショートブーム
	TAKASAGO		8本	上下付 ブーム部ショートタイプ
	TAKASAGO		8本	上下付 ブーム部ロングタイプ
マルチボックス	CANARE		10個	16CHボックス
マルチケーブル	Whirlwind		1式	5m×6本 / 10m×3本 / 15m×5本

▲図⑥　なんばHATCH（http://www.namba-hatch.com/）の機材リスト

PART 3
機器の接続と設置

01 ▶ 各機器の接続に関するノウハウ

　PAシステムは、基礎知識編の"電気音響機器"のところで解説したマイク、ミキシング・コンソール、パワー・アンプ、スピーカー、そしてアウトボード・エフェクト等を結線することではじめてシステムの体をなします。そこで、結線に関するノウハウをここでは説明します。

　なおPAシステムと言った場合、会場の規模や内容の大小にかかわらず、最低限必要なアイテムが4つあります。それはマイク、コンソール（マイク・プリアンプ）、パワー・アンプ、そしてスピーカーです（図①）。これが最も基本中の基本であるPAシステムで、その要素を一体化したものがいわゆる"トラメガ"、トランジスター・メガフォンです。トラメガはPAシステムの最もシンプルなもので、結線する必要の無い一体型タイプです。しかし、どんな小規模の会場でも、トラメガでPAするわけにはいきません。やはり、最低限先ほどの4つのアイテムを結線しなくてはなりません。

　実際の接続に関しては、プロの世界では"立ち上げ"または"パッチ・ケーブル"と呼ばれるコードを使用して結線をしていくことになります（基礎知

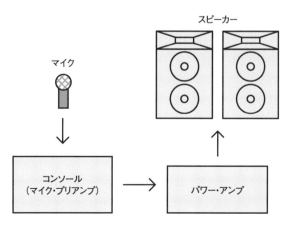

◀図① PAにとって最低限必要なシステム

◀TOAのトランジスタ・メガフォン ER-2115

識編のP118、"ケーブルと端子"参照）。基本的にはXLRタイプのバランス・ケーブルで、マイク・ケーブルを短くして使いやすくしたものと考えてください。ただし、パワー・アンプとスピーカーの間は、スピーカー・ケーブルを使用します。スピーカー・ケーブルはほとんどの場合、"スピコン"と呼ばれる端子を備えているので、簡単に区別することができるはずです。

■結線の順番

　結線をする順番は、基本的には"音の入り口→出口"というのが基本です。つまり、マイクにマイク・ケーブルをつなぎ、コンソールの入力端子に入れ、コンソールの出力端子からパワー・アンプへ立ち上げ、最後にアンプの出力端子とスピーカーをスピーカー・ケーブルでつなぐ（図②）。もちろん、間にマルチボックスやエフェクター、チャンネル・ディバイダーなどが入ってくるでしょうが、"音の入り口→出口"という基本は変わりありません。

　なお、プロ機器の入出力部にはXLRのレセクタプル（受け座）が取り付けてあるので、XLRのパッチ・ケーブルはそのまま接続できるようになっています。ただし、一部の民生機にはRCAピンやフォーンの端子を備えているものもあるので、注意が必要です。その機器を使う頻度が高いようであれば、変換用のパネルを取り付けるのが一番ですが、仕様に適した変換ケーブルを用いることでも対応は可能です。

　アウトボード類などは毎回同じものを接続する手間を省くため、ラック内であらかじめ結線をしておくのも重要ですね。これによりセッティング時間は短縮されますし、つなぎ間違いなどといったトラブルも回避されるわけです。

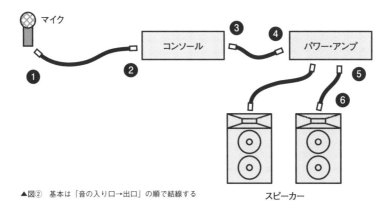

▲図② 基本は「音の入り口→出口」の順で結線する

　同様に、大型コンソールを収納するケースには、"プリパッチ・ケース"と呼ばれるタイプが存在します。これは、マルチボックスをスッポリとしまうことができるもので、そのままケースのふたが閉められる便利なアイテムです。特に大規模のコンサートではマイクの本数も多いですし、ステージとPA席の間でマルチケーブルが何本も使われることになります。パッチ・ケーブルの数もチャンネル数分必要なわけですから、立ち上げを現場で行っていては、相当な時間のロスなのです。しかし"プリパッチ・ケース"があれば、事前に立ち上げを行い、現場ではマルチケーブルとマルチボックスをジョイントするだけでOKになります。こういったことが、時間の

◀プリパッチ・ケース

短縮とトラブル回避につながるのです。

■ケーブルの素早い見分け方

　PA会社が所有するケーブルは、マイク・ケーブル、スピーカー・ケーブル、変換ケーブル、マルチケーブルと、その量と種類はかなりのものです。しかし、現場においては瞬時に必要なタイプのケーブルを探さなければなりません。そこで各PAカンパニーは、独自の工夫を凝らすことになります。

　例えば、赤は○m、黄色は×mというようにケーブルの色によって長さを区別したり、長さを明記したラベル・ステッカーを張ったり、ケーブルを束ねるひもやゴム、マジック・テープの色を変えるなど、その方法はさまざまです。

　現場での立ち上げ時間を短くするために、そのケーブルをどのマイクにつなぐかが明記されている場合も多いですね。例えば、"ドラム・トップ"とか"cho"といったように、楽器名を記したビニールテープを張っておきます。

　また当然ですが、できるだけ入出力端子のタイプを統一しておくことも、重要です。これはセッティング時間の短縮や結線間違いなどのトラブル回避にも役立ちますし、端子やケーブルの違いによるインピーダンス変化に

◀ケーブルに楽器名を記しておくと便利

伴う音質劣化を防ぐという意味でも、大きなメリットがあります。特に、PA現場でスタンダードなXLR端子であれば、爪（ロック）が付いているために抜けにくい、ノイズが乗りにくいなどさまざまな利点があることは、基礎知識編で述べた通りです（P118参照）。

■電源の扱い

　電源の取り方や、各機材の電源を入れる順番にも決まりがあるので記しておきましょう。

　まずは電源の取り方ですが、家庭用の電化製品のように近くにあるコンセントから適当に取るわけではありません。最初に必要なのは、全体の容量をざっと計算することなのです。これにより、必要な最大容量を確保しなければなりません。この電源容量の違いにより、使用する電源コネクターも違ってきます。例えば、家庭でもおなじみの平行2線から、照明用の2kWのT型、PAでよく使う3kWのC型などですね。

　そして電源の取り回しは、基本的にセッティングする場所に近いもの同士をタップでとりまとめて、大元のPA BOXから引いてくることになります（図③）。このとき、タップは一口は空けておくと、機材が増えたときなどに便利です。またPA BOXはトランスが入っていて、100Vを安定供給できるほか、海外製品を使用する際などは117〜240Vなどの電圧を供給可能な便利アイテムとなっています。

　各機器の電源スイッチを入れる順番は、基本的には音声信号が流れる

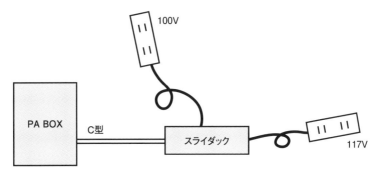

▲図③　電源の引き回しの基本

◀ スライダック

▲ タップでのとりまとめ

▲ ホールの壁に用意されたPA BOX

順と考えて良いでしょう。例えば、再生系、エフェクター→コンソール→イコライザー→アウトボード(チャンネル・ディバイダー等)→パワー・アンプ、ということですね。ただし厳密に言いますと、パワー・アンプの電源を入れるタイミングが問題になります。なぜならパワー・アンプまでは小さい信号(すなわち小電力)で、その信号をパワー・アンプで文字通り数百倍に増幅して、スピーカーの振動板を動かす電力を供給するわけです。と言うことは、小さな信号も数百倍の電力に変えるパワー・アンプの電源が先に入っていると、その前の機器の電源を入れたときに発生する小さなノイズも、数百倍に増幅されてスピーカに送られてしまうわけです。

これは、時にはスピーカーを破損する結果になり得ます。なので、パワー・アンプの電源は手前のすべての機器の電源を入れてからオンにします。逆に電源を切る際は、全くこの逆でOKです。まずはパワー・アンプの電源をオフにしてから、他の機器の電源をオフしていくわけです。

02 ▸ 機材のセッティング

続けて、スピーカーやケーブル、ワイヤレス・システムなどの扱いについて、解説していきましょう。

■スピーカーのセッティング

スピーカーのセッティング方法は、大きく分けて、①スピーカー・スタンドを使い高さを稼ぐ　②積み上げによるセッティング（スタッキング）③フライング　の3つに分けられます。各方法は、システムや会場規模など、さまざまな要因によって選択されることになりますが、最近のスピーカーにはスタッキングもフライングも可能なタイプも多く、フレキシブルな対応が可能になっています。

では、それぞれの方法の違いと注意点を見ていきましょう。

①スピーカー・スタンドへのセッティング

これは応用実践編のPART 1"システムの実際"(P126)でも少し説明しましたが、一番手軽で重宝されている方法です。店頭のイベントや、小ステージのサイド・モニターなどで使用することが常ですね。

スピーカーをステージ等に直置きした場合ですと、遠くまで音を飛ばすことができませんし、後ろの人にまでまんべんなく伝えることも厳しいです。でも、スピーカー・スタンドを使用することにより遠距離にまで音を

ステージ直置き

スタンド使用

▲図④　スタンドを使用すれば音が遠くまで届く

飛ばすことが可能になるのです（図④／前ページ）。しかし、手軽で便利な分リスクも多く、落下や転倒に十分気を付けなければなりません。

②スタッキングでのセッティング

　これは文字通りスピーカーを積み上げる方法で、通常のコンサートではスタンダードなものです。とりわけ一昔前のコンサートは、ステージ両サイドにスピーカーを積み上げて行うものでした。しかし、現在、アリーナやドームではフライングが主流となっています。ただ、ホールや劇場でのコンサートは、いまだにこのスタッキング方式を取り入れていることも多いです。

◀スピーカーを設置する

▲スピーカーを引き上げるところ

◀空きケースは"山"として使用する

普通のホール程度の会場にスピーカーをスタッキングする際は、意外に思われるかもしれませんが、人力でスピーカーを積み上げていくことになります。ケースなどで山を作り、そこを足場に2〜4段目を積み、5段目になるとスピーカーの上の人間が引っ張り上げる。野外でイントレにスピーカーを組む場合も、結局は1段目を上げたら、中の天板を取って上げて、と。こんな感じで、まだまだ力仕事が残っているのがPAの現場なのです。とはいえ、昔に比べればスピーカーは軽くなりましたし、ラクになった方なんですけどね。特にフライングにも対応しているスピーカーは軽いので、セッティングは容易と言えるでしょう。

　さて、スピーカーを積み上げたら必ずすることが、"ラッシング"です。ラッシング・ベルトを使ってスピーカー同士を固定することで、スピーカーが崩れたり転倒したりしないようにするわけです。ホールによってはラッシング・ベルトを使用しないとスタッキングもできなかったりしますし、安全面を考えれば非常に重要な作業ということは分かるでしょう。

　ラッシング・ベルトは片側に金具、片側はベルトのみの形になっています。そして、ベルトのみの側を金具のスリットに通して、ある程度テンションをかけます。最後にラチェットを締めていけば、スピーカー同士がきっちり固定されるはずです。ラッシング・ベルトはスピーカーの取っ手や専用金具に通して、外れないようにしておくのは言うまでもありません。

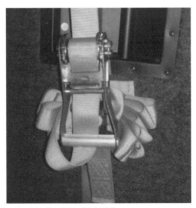

▲ラッシング・ベルトの金具部分

野外の場合は、ラッシング・ベルトに加え雨対策も必要となってきます。その際の一番簡単な方法は、スタックしてるスピーカーのシステム全体をブルーシートなどで覆う、というものですね。雨天の可能性がある場合はブルーシートで全体を覆い、スピーカー開口面（音の出る部分）を開けておく。そして、風などでシートが飛ばないようにロープやゴムベルトでしっかり止めておきます。この養生は、数日間続くコンサートでスピーカーをそのままにしておく場合にも役立ちます。養生をする場合は、こういったことも考えておくのが大切なんですね。

③フライングのセッティング

アリーナやドーム、野外などの大型コンサートでは、最近はほとんどの場合がフライング・システムを採用しています。スピーカーをステージに積むのではなく、天井やイントレのタワーなどで吊る方法です。

では、なぜフライングがそれほどまでに採用されているのでしょうか？その理由の1つが、見切れの減少による収容人数の違いです。スタッキングの場合だと両サイドの客席からはステージが見えないために使用できなかった席が、フライングにすることで活用できます（図⑤）。これにより、アリーナやドームでしたら1,000人単位で収容人数が変わってしまいます。これは、主催者にとっては大きな違いですよね。

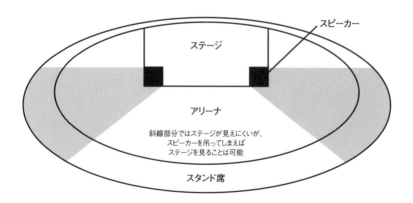

▲図⑤　スタッキングでは見きれにより使えない客席が多い

そしてもう1つのメリットは、音質面での問題です。フライングの場合はラインアレイ型のスピーカーを採用することで、客席のどの場所に対しても均一の音量と音質を供給可能となっているのです（図⑥）。これは、ピンポイントで飛ばすコンパクトなスピーカーをちりばめることでデッド・ポイントを無くす方式ではなく、横指向をかなり広く取り縦指向を非常に狭くして、客席の高さの違いで音を供給する方式となっています。横指向での干渉が無く、縦指向による干渉も限りなく少なくしてあるので、クリアな伝達が可能なのです。

スタッキングの場合であれば、極端に言えばスピーカー前はうるさく、後方席では音が小さいというような状態に陥りがちでした。しかし、ラインアレイのフライングであれば上方からの直接音を聴くことができるので、会場内のどこにでも似たようなリスニング環境を実現できるようになっています。そのため、ステージに近いアリーナも2階席3階席も、同じ音圧でコンサートを楽しむことが可能で、これは画期的なことと言えます。

しかもスピーカー・システムの量も、スタッキング時に比べれば1/2～1/3の量で済みます。そのためにセッティング時間も少なくて済みますし、良いことずくめのシステムとなっています。

◀フライング仕様のL-ACOUSTICS KARA

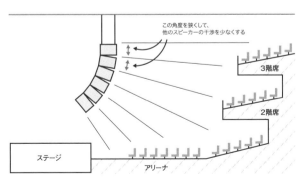

▲図⑥　ラインアレイ・システムのフライング

なおスピーカーのセッティング方法は各社さまざまですが、吊り点からのワイヤーにバンパーと呼ばれる金具をセットし、上から順にスピーカーを吊っていくのが一般的でしょう。スタッキングと違い力仕事はそれほど必要ありませんが、2tものスピーカーを吊るわけですから、吊り点の荷重については十分な確認が必要になります。

■ケーブルの扱い

ケーブルの種類は基礎知識編で紹介しましたが、ケーブルの違いで用途やはわせ方が違ってきます。ここではケーブルの巻き方、はわせ方を説明します。

①ケーブルのはわせ方

現場では、マルチケーブル、スピーカー・ケーブル、マイク・ケーブルの順番にはわせていきます。

まずマルチケーブルですが、これはインプット用（ステージ袖〜メイン・コンソール）とアウトプット用（ステージのカミ〜シモ）の2種類があります（**図⑦**）。インプット用の引き回し経路は大外回しと呼ばれる方法が一般的で、客席の一番壁際をはわせて最後にPA席に至る、という感じです。なおホールによっては、FK16というスタンダードな16chのマルチケーブルがステージ袖、PA席に確保されていることもあります。その場合はこの回路をうまく使うことで、わざわざ引き回しをする必要がなくなるので便利です。

マルチケーブルをはわせた後は、スピーカー・ケーブルにとりかかるのが普通です。実はスピーカー・ケーブルにも2種類あり、ステージ両サイドのメイン・スピーカーをつなぐケーブルと、ステージ上のモニター・スピーカーをつなぐケーブルに分けられます。メイン・スピーカーで使用するケーブルは、基本的に両サイドに設置したアンプ・ラックから、それぞれ両サイドのスピーカーに接続します。ですから、意外と引き回しに関しては問題は少ないと言えるでしょう。一方、袖のモニター用アンプ・ラックからステージ上のモニター・スピーカーの接続は、引き回しを考える必

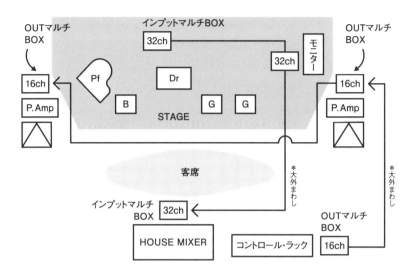

▲図⑦　マルチケーブルの引き回し例

要があります。モニター・スピーカーの設置場所を考慮し、最短距離で、なおかつ邪魔にならない経路を見つけるのはなかなか難しいものです。なお、通常はシングルのスピーカー・ケーブルで接続しますが、近くに複数のモニター・スピーカーがあるときは、2対や4対のスピーカー・マルチケーブルを使うケースも出てきます。

　最後に、各マイクを接続するマイク・ケーブルです。マイク・ケーブルも、スピーカー・ケーブル同様にステージ上の引き回しには気を遣わなけ

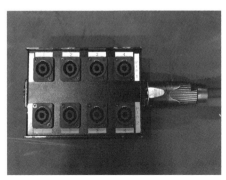

◀マルチBOX

ればなりません。ドラムやベース、ギター・アンプのマイク等は固定されている場合が常ですが、動きや転換の多いボーカル・マイクやコーラス・マイクは要注意。いつ動かしても大丈夫なように、引き回しが容易で、なおかつステージ上のアーティストの動きの邪魔にならないよう考慮しなければなりません。一例を挙げますと、メインでもあるセンター・ボーカル・マイクの引き回しは、袖からステージのかまちまで引き、そこからセンターまで直線で引くわけです（図⑧）。そして、マイク・スタンドの真下（3本足の真ん中）で3巻きほど余裕をもたせてつなぎます。これにより、マイクをスタンドから外して移動する際など、ケーブルが足りなくなったり、突っ張ったりしないで済みます。

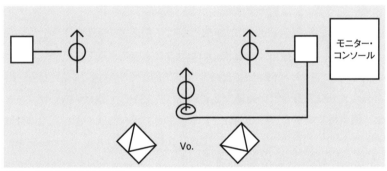

▲図⑧　ボーカル・マイクの引き回し

②8の字巻き
　PAの世界ではマイク・ケーブル、スピーカー・ケーブル、マルチケーブルそして電源ケーブルと、すべて"8の字巻き"という方法で巻く約束があります。この方法で保管しておくことにより、何度巻き／ほどきを繰り返してもよれやねじれが無く、断線によるトラブルも回避できます。
　巻き方は2種類ありますが、簡単なのは床にケーブルを置き、文字通り8の字を描きながら巻いていく方法ですね（図⑨）。もう1つは通常の1つの輪で準巻き、逆巻きと順番に巻いていき、実質上8の字に巻いていく方法です（図⑩）。

◀ケーブルはマイク・スタンド下で3巻きほど余裕をもたせる

◀図⑨　床を使った8の字巻き

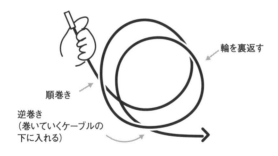

◀図⑩　手で持った8の字巻き

　なお8の字で巻いておくと、移動の多いボーカル・マイクなどのケーブルさばきも容易になります。ただし、最近はワイヤレス・マイクの普及により、ケーブルさばき自体があまり重要ではなくなっているのは、事実です。そのため、8の字巻きもかつてほど使われなくなっています。とは言え、音質上の問題や電波の途切れの危険性があるため、いまだに有線マイクを愛用する歌手の方がいますので、覚えておくと便利です。

■屋外での電源ケーブルの養生

　"スピーカーのセッティング"の項でスピーカーの養生の説明を少ししましたが、屋外コンサートでの電源養生も非常に大切で不可欠な作業です。この場合、雨対策はもちろん、漏電やショートの対策も必要となってきます。

　屋外では、電源の供給はほとんどと言ってよいほど電源車（ジェネレーター）からになります。最近ではジェネレーターを供給する専門の業者さんがちゃんとセッティングをしてくれ、希望容量の確保やアースの対応もしてくれます。しかし現場によっては、ジェネレーターだけ用意してあり、自分たちで引き回しやセッティングをする必要もあったりするものです。

　そこでまず大切なことは、引き回す場所のケーブルを、なるべく地面に直接はわせないことです。なぜなら、雨や露がケーブルをつたい、しみて来てショートの原因にもなるからです。しかし、やむを得ずはわせないといけない場合は、ジョイント部分が無いように注意する必要があります。もしジョイント部分がある場合は、つなぎ目をしっかりテープで止め、ビニール袋等に入れて雨水が浸入しないように養生しましょう。これは、ショートや感電防止のためにも、絶対行ってください。そして、電源のアースを取ることも忘れずに。その方法は地面に鉄の棒を挿し込む、というもの。これは、漏電やノイズ対策ですね。

　もう1つ大切なのは、燃料の確認です。言わずもがなですが、燃料には限りがあります。満タンでどのくらいの容量が必要で、何時間くらいで給油が必要なのか？　予備タンクの準備はあるのか？　などなど、確認し

▲電源車から引いたPA BOX

▲屋外での電源供給はほとんど電源車による

ておくことは意外にあるものです。また、会場の近くに燃料の供給ができる場所(ガソリン・スタンド等)があるかどうかも、チェックしておくと便利ですよ。

■ワイヤレス・マイクのセッティング

　ワイヤレス・マイクは文字通りワイヤーがありません。音声をケーブルに通す代わりに電波として飛ばし、それをレシーバーで受けるという方式です。現在では多くの公演でワイヤレス・マイクが使用されていますが、ボーカリストの動ける範囲やパフォーマンスの幅が広がり、大変重宝されています。ケーブルがある場合は、ボーカリストはそのケーブルの長さより先には行けないわけですから、いかにワイヤレスが便利かは簡単に分かると思います。しかし電波を飛ばしている以上、電波が途切れる可能性が絶対無いとは言い切れないのが、怖いところです。

　現在、日本で使用されているワイヤレス・マイクの種類は2019年3月31日をもって新システム(周波数)に移行されたものを含め、大きく分けて4種類です。

①新システム(周波数)への移行措置がなされる前から使用可能であったB帯(806.125MHz～809.750MHz)

　このタイプは、以前同様に免許申請が必要無く、だれでも自由に使用できるタイプです。さらに、最近ではアナログ方式に加え、デジタル方式を採用することで、今まで同一エリア内では6波以上の使用が困難という制約がありましたが、多チャンネル(メーカーによって異なりますが10ch～30ch)使用が可能となり使用の範囲が一気に広がりました。

②新システム移行で、今まで免許申請が必要だったA帯、AX(A2)帯の代わりとなるホワイト・スペース帯

　これは、今まで使用してきたAX帯(779.125MHz～787.875MHz)、A帯(797.125MHz～805.875MHz)がスマートフォンなどの移動通信サービスの拡大により各通信機器メーカーに割り当てられることになったため使用で

きなくなり、その代わりに各地域において使用していない地デジ・チャンネルの周波数を使用するもので、今まで全国ツアーなどで、どの地域でも使えていたシステムが、地域によっては使用できないケースが出てくることもあります。なので、周波数範囲は470MHz（13Ch）〜710MHz（52Ch）ですが、テレビ・チャンネルごとに分けられ使用範囲が限られます（図⑪）。

③同じく地デジ・チャンネルの53ch（710MHz〜714MHz）

　この帯域は、地デジ・チャンネルでは使用しておらず、特定ラジオ・マイク専用帯として、どの地域でも制約無く自由に使えるものです。ただし、専用帯を含め、各地デジ・チャンネル1chに対して使用できる周波数チャンネルの制約があり、メーカーやタイプによって異なりますが6ch〜10ch程度なので、専用帯と言っても多数チャンネルの使用は厳しいです。

④上記3種類の制約が無いタイプの1.2GHz帯域（1,240MHz〜1,260MHz※1,252〜1,253は除く）

　デジタル方式を採用して地デジ・チャンネルや地域の制約を気にすることなく47ch〜148ch（メーカー、条件によって異なる）が可能です。

　使用できる周波数帯域が変わっても、電波を受信するシステムは今まで同様に、2本（以上）のアンテナを使用して電波の強い方を常に受信するダイバーシティ方式を採用しています（図⑫）。

FREQUENCY BAND JB (806–810 MHz)

Channel	Group B1	Group B2	Group B3	Group B4	Group B5	Group B6
Group Logic	B	B	B	B	B	B
Ch 1	806.125	806.250	806.375	806.125	806.125	806.125
Ch 2	806.875	806.750	806.750	806.500	806.500	806.500
Ch 3	807.250	807.750	807.250	807.000	807.000	806.875
Ch 4	808.125	808.250	807.625	807.375	807.375	807.250
Ch 5	808.750	809.000	808.375	808.000	807.750	807.625
Ch 6	809.625	809.500	808.750	808.750	808.125	808.000
Ch 7			809.250	809.125	808.500	808.500
Ch 8			809.625	809.625	808.875	808.875
Ch 9					809.250	809.250
Ch 10					809.625	809.625

▲図⑪　SHUREのデジタル・ワイヤレス・システムULX-Dのチャンネル・プラン表の一部

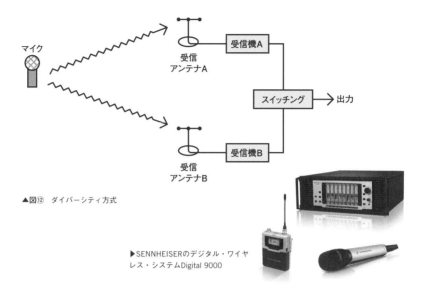

▲図⑫　ダイバーシティ方式

▶SENNHEISERのデジタル・ワイヤレス・システムDigital 9000

■インイヤー・モニターによるモニター・システムの変化

　ワイヤレス・マイクの使用周波数の移行に伴い、ワイヤレス・イヤー・モニターのシステムも変更されました。インイヤー・モニター・システムを有線ではなくワイヤレス・システムにすることで、ボーカル・マイク同様にミュージシャン(演者)のパフォーマンス範囲が広がります。

　ワイヤレス・インイヤー・モニター・システムもワイヤレス・マイク同様の周波数範囲を使用しています。当然、免許申請のいらないB帯のシステムもあり、最近はデジタル方式のタイプも出ています。

▲ワイヤレス・マイクとインイヤー・モニター

▲ワイヤレス・マイクのケアを行うスタッフ

PART 4
現場で役立つ知識

01 ▶ ハウリング対策

　ハウリングは、言わばフィードバック現象です。マイクで拾った音がコンソール→パワー・アンプをへてスピーカーから拡声されるわけですが、スピーカーから出た音は再びマイクで拾われ、スピーカーから拡声されます。この作用が繰り返されることで、目には見えませんが音のループ状態が生じるわけです（図①）。これにより、会場の音響特性などに応じてある帯域だけが強調されることになり、"ピー"とか"キー"といった不快な音が出てしまいます。これがハウリングですね。
　皆さんもカラオケ・ルーム等で経験したことがあるでしょう。簡単に言うと、マイクとスピーカーの距離が近く、必要以上の音量が出ているから起

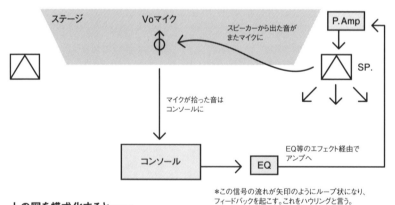

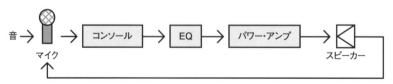

▲図①　ハウリングの起きる原理

きる現象です。では、ハウリングの防止はどのようにしたらいいのでしょうか。

■機材等を使わない対策

　先にも述べましたが、スピーカーから出た音を再びマイクで拾う状態がハウリングの原因なので、スピーカーとマイクの位置関係を変更することである程度は回避することが可能です。つまり、スピーカーから出た音を、マイクが拾わないような位置にマイクを置くわけですね。距離はもちろんのこと、マイクの向きによってもかなり改善するので、試してください。

■イコライザーを使用する対策

　ハウリングというのは、ある特定の帯域に生じるものです。ですから、その周波数帯域を探し出しピンポイント的に音量を抑えれば、全体の音量を下げることなくハウリングを無くすことが可能になります。ハウリングを起こしている帯域のことを"ハウリング・ポイント"と呼んでいますが、その探し方の一例を紹介しましょう。

　ベテランのエンジニアであれば、ハウリング・ポイントは音を聞いただけでだいたいの察しが付くものです。しかし、慣れていないうちはまず、ハウリング・ポイントの大まかな場所を探すことになります。例えば「すごく低い音はこれくらいかな？」「すごく高い音はこれくらいかな？」といった具合で、目安を立ててみましょう。そして、目安を立てたポイントをイコライザーでブーストします。ここで注意したいのが、ブースト量が多ければハウリング・ポイントでなくてもハウリングが起きてしまう、ということです。しかし、ハウリング・ポイントをブーストした場合は、ブースト量が少しだけでもハウリングが起き、しかも違う場所をブーストしたときよりもそのスピードは速いものなのです。

　こうして見つけたポイントをカットして、ハウリングが起きなくなれば、そのポイントは正解だったことになります。同様にして何個所かのポイントをカットしていくことで、ハウリングが収まれば作業は終了です。ただし、正確にポイントを見つけられないと、カットするポイントばかり増えるのにハウリングが無くならない、という状況に陥ってしまいます。しか

も、ポイントが多くなると全体の音量が下がってしまいますし、位相も乱れるなど、適切な調整がますます困難になってしまうのです。目安としては、10ポイント以上カットしても効果が薄い場合は、ポイントの見直しからやり直すべきでしょう（図②）。その方が、結果的には速く調整できたりするものです。

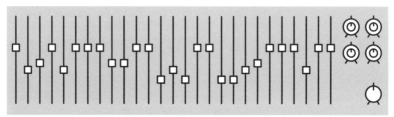

▲図②　EQのカット・ポイントが10以上の場合は、ポイントを見直そう

■スペクトラム・アナライザーを併用する

　スペクトラム・アナライザー（略してスペアナ）とは、周波数特性を測定する機械のこと。具体的には音声信号を数値化し、高速フーリエ変換（FAST FOURIER TRANSFORM／FFT）を使用して周波数列にしたものを視覚化します。PAであれば、メイン・スピーカーからピンク・ノイズを再生したものをスペクトラム・アナライザーで解析することで会場の音響特性を知る、という使い方をします。要はピークを見つけるのが簡単なので、ハウリング対策にも便利なツールです。

　スペアナは単体モデルも発売されていますし、デジタル・コンソールなどにはその機能が付いているのが一般的。特にグラフィック・イコライザーとスペアナが同時に表示できるモデルなどは、使い勝手が良いですね。また、Meyer Sound SIM3やrational acoustics Smaart v8といった音響測定システムにもスペアナ機能は付いていて、大規模な会場では活躍しています。

　またソフトウェアのSmaart v8は今や業界標準と呼べる存在で、音響システムの測定や分析を行ない、Windows、Mac両対応で動作します。測定方法はオーディオ・インターフェース（マイクロフォンやラインをPC

◀NTi AUDIO XL2はコンパクトなアナライザー

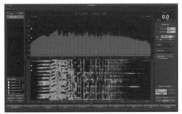
▲rational acousticsのソフトウェアSmaart v8

に入出力させるための機器)を会場内に設置して会場内の音響特性を波形チェックするという方法で、単純にリアルタイムで波形特性を確認するだけでなく、同じくオーディオインターフェースにライン音声を入力し双方の差や違いを確認しつつ調整を行うものです。

ただし、ピークのあるところが必ずしもハウリングしているわけではないのは、注意したいところです。楽器(音)によっては、ものすごくピーク成分が多くスピードが速いものもあります。このような音は、ピーク・メーターでも表れやすくなっているものです。

■チューニングとハウリング対策は同じではない

"チューニング＝ハウリングを無くすこと"とよく勘違いしている人が多いのですが、実際には両者は異なるものです。チューニングとは、音場の影響を考慮して、スピーカーでの自分の音作りを容易にするために行うものです。ですから自分がいつも使っている会場で、いつも使っているスピーカーを鳴らす場合は、出音が良ければチューニングをする必要はありません。要は楽器の調律と同じで、合っているならやり直す必要はありません。でも、会場が変われば同じシステムでも鳴りは変わるわけですから、その場を自分のフィールドにするためにチューニングを行うわけです。

チューニングがしっかりなされていないと、せっかく生音が良くても実際にPAをした結果、生音を損なう悪い音にもなりかねません。そして、こういった広い意味でのチューニングの中にハウリング対策が含まれる、ということですね。例えばCDでチューニングしている分にはハウリングは起きないけれど、ボーカルがスピーカーの前で歌わないといけないとい

う場合、当然ハウるポイントを落とすわけです。そして、こういった対策も含めてのチューニングということなのです。

　しかし学生などにチューニングをさせてみると、CDをかけているのにローがすごくカットされている場合がよくあります。これでは、本番でも生演奏のPAとは思えないほどのスカスカな音になってしまうでしょう。「ローを出したらハウっちゃうんです」というのが彼らの言い分なのですが、ハウリングをおそれるあまりにメインの音がお粗末になってしまっては、本末転倒です。まずはチューニングでは"自分の音"を作り、そこからハウリング対策で微調整をしていくというのが、正しい考え方と思ってください。

　実際のチューニング方法は、エンジニアによってさまざまです。CDを再生しながら会場内を歩き回り、サウンドを調整しながらデッド・ポイントを確認する人。マイクで自分の声を出して、調整していく人。あるいは、その両方を行う人。方法は違っても、自分のやりやすいフィールドを作るという行為には変わりはありません。その意味で面白いのが、同じ機材、同じ会場であっても、エンジニアによって出てくる音がさまざまだということです。グラフィック・イコライザーをいじるだけではなく、パワー・アンプのレベルから、チャンネル・ディバイダーのクロス周波数やカーブまでを使って、自分のフィールドを作っていくわけです（**図③**）。そのためにエンジニアごとに音が違うわけですが、逆に言えば、だれがオペレートしても一緒ではあまりにつまらないと思いませんか？

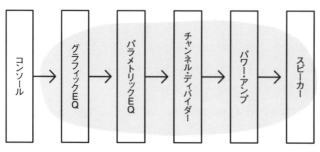

図③　チューニングはさまざまな機器で行える

02 ▶ モニター・エンジニアの重要性

　PA（音響）のセクションは、ハウス・エンジニア（チーフ）、モニター・エンジニア（セカンド）に加え、"3番手"と呼ばれるステージ・マンで構成されるのが普通です。しかし、アリーナやドーム、野外といった大規模な会場では3人で膨大な量の機材をセッティングすることはできません。そこで、舞台／音響／照明の各セクションで何十人かのアルバイトを使って、効率良くセッティングをすることになります。しかしいずれにしても、ある程度の搬入やセッティングが済めば、先ほどの3人はそれぞれの仕事をこなしていくのは、どの現場でも共通です。

　そこで、PAセクションの3人の役割分担を見ていきながら、モニターの重要性を考えたいと思います。

■ハウス・エンジニア

　ハウス・エンジニアは、皆さんもよくコンサートで見かける、メイン・コンソールをオペレートするのが大きな仕事です。ミュージシャンの歌や演奏を、きちんとした音で観客に届けるのが、その役目と言って良いでしょう。メイン・コンソールで作った2ミックスを、会場のすみずみにまで均質なサウンドで送り出す、ということですね。会場でも目立ちますし、"メイン・エンジニア"と呼ばれることも多いので、その重要性がいかに高いかが分かります。

　特に日本では、3番手で修行した後にモニター・エンジニアになり、最後にハウス・エンジニアにたどり着くというルートが今まで一般的だったため、現場のチーフとしても責任のある存在となっています。ただし最近はモニター・エンジニア専門の人も出てきていますし、仕事の内容自体は"モニターよりハウスが偉い"ということはありませんので、注意してください。

　さて、ハウス・エンジニアが会場で行うことは、基本的にはメイン・コンソール周辺のセッティングおよび調整ということになります。マルチをコンソールに立ち上げて、アウトボード・エフェクトもコンソールに結線

し、メイン・スピーカーをチューニングし（チューニングについてはP187参照）、回線をチェックし……と、するべきことはたくさんあるものです。そしてミュージシャンが会場入りすれば、各楽器の音質を調整し、適切なバランスの2ミックスを作っていく。本番ではもちろん、リハーサルでの2ミックスを元に、より良い音で観客に届くようにオペレートをします。"PAマンの1日"（P195）でも述べていますが、本番ではリハーサルと違い観客がいるため音場がデッドになりがちです。そこで、リハーサルで作った音を補正しながら本番をこなしていきます。

■ステージ・マン
　ステージ・マンは、文字通りステージ周りのセッティングを行っていきます。つまりは楽器にマイクを立て、結線をするのがメインの仕事です。もちろん、スピーカーのスタッキングやフライングも仕事のうちですし、バンドのメンバーとコミュニケーションをとって、彼らが演奏しやすい環境を作るのもとても大事です。簡単に言えばハウス・エンジニアの手足となって動かないといけないわけです。そういう意味も含めて駆け出し、見習いのうちはステージ・マンを経験することになります。しかも、ステージ・マンの動き1つで作業がスムーズに進行するかしないかが決まってしまう、責任重大なところもあるのです。時には流れが不自然になって、ぎくしゃくする場面もあります。そうならないためにも、ステージ・マンはミュー

◀野外会場での仕込みの様子

ジシャンとハウス・エンジニアの橋渡しをきちんとする必要があるのです。
　また本番中も、ステージ上で起きていることには常に気を付けている必要がありますし（マイク・スタンドが倒れたり、ケーブルが抜けてしまったりと、何かとトラブルはあるものです）、パワー・アンプのVUメーターを監視するなど、重要な任務が待ちかまえています。なかなか気を抜くことができないセクションですが、ステージ・マンをこなせなくては、モニター・エンジニアやハウス・エンジニアにはなれないので、頑張りましょう。

■モニター・エンジニア
　ハウス・エンジニアやステージ・マンは、コンサートでも表に出て作業をしているので、皆さんもその姿を見たことくらいはあるでしょう。しかし、今から説明するモニター・エンジニアは決して表面に出ず、地味で縁の下の力持ち状態の仕事です。どちらかと言うと、エンジニアというよりはミュージシャンに近い役割かもしれません。PAセクションでは2番手に当たり、最も歴史が浅いエンジニアと言えるでしょう。
　実際の仕事は、各ミュージシャンへのモニター・スピーカーのバランスを調整するのがメインです。ミュージシャンの出すさまざまな音をコンソールでミキシングするのはハウス・エンジニアと同様ですが、そのコンセプトは全く異なります。前述のようにハウス・エンジニアは、何千、何万人といる客席全体に2ミックスを均等に届けるのが仕事です。しかし、

◀ステージ・マンは仕込みから本番まで忙しい

モニター・エンジニアはミュージシャン1人1人の好みやタイプを瞬時に把握して、それぞれに異なったバランスや音量でモニターを送らないといけないのです。そういった意味では、エンジニアと言いつつもミュージシャンの1人と考えても問題無いでしょう。また、そうであることが要求されるのです。

　例えば、ハウス・エンジニアの腕が良くて最高の機材が準備されていたとしても、ミュージシャンがノリの悪い演奏をしていれば、それは良いコンサートにはならないでしょう。モニター・エンジニアがミュージシャンの心をとらえ、その日のノリや体調を考え、楽に気持ち良く演奏ができるように調整してモニター・スピーカーから抜群に良い音を出すことによって、演奏も良くなり最終的には会場内のPAは素晴らしいサウンドになるのです。

①モニターのチューニング
　ミュージシャンのモニター用のスピーカーのチューニングなので、ミュージシャン好みの音に調整すると思う人がいるかもしれませんが、それは大きな間違いです。スピーカーからの出音に関してはミュージシャンを考慮する必要がありますが、スピーカーのチューニングにミュージャ

▲ステージ上でのモニター・チューニング

▲モニター・ミキサーの調整

ンの個性は要らないということを、まずは覚えておきましょう。自分がオペレートしやすい音にチューニングできれば、問題は無いわけです。そうであれば、「もうちょっとタイトに」とミュージシャンに言われた場合でも、素早く対応することが可能になります。

　実際のチューニング方法は、各セクションにあるコーラス・マイクを使用して行うのが一般的です。コーラス・マイクが無い場合はボーカル・マイクを使いますが、いずれにしても自分の声を出してみて、ハウリングが起きないように調整していけば安心です（図④）。なぜなら、ほかの楽器をそのモニター・スピーカーから出したとしても、距離が遠いのでハウらないわけですから。自分の声が"ドンッ"と出てくるようなら、ほかの楽器はどれだけでも返せるということですね。

　この場合、各コーラス・マイクのコンソールへの入力レベルはそろえておいて、それぞれの場所で規定にしてしまえば便利です。グラフィック・イコライザーの設定も、時間が無いときなどは1個の設定をコピーしてしまいます。もちろん、場所の違いやスピーカーの違いなどもあるので、ちょこちょこ修正はしていくのですが、時間は盗みながらしないといけない場合も多いのが、モニターのチューニングなのです。筆者などは"5分チューニング"と言われるくらいなのですが、グラフィックのポイントも5つくらいと極力少なくして、早く対応できるようにしているわけです。

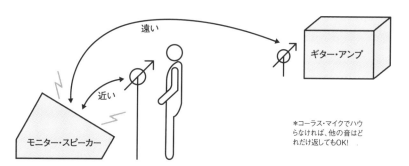

▲図④　モニター・スピーカーのチューニングでは、コーラス・マイクが重要

②本番中のモニター・エンジニア

　本番中は、"モニモニ"（P95参照）で各場所のサウンドをチェックするのがモニター・エンジニアの仕事です。ドラムのところ、ベースのところ、というように、聞きながらミュージシャンの要望が実現されているかを監視する。また常にステージには気を配り、ミュージシャンが何かジェスチャーをしていないか、顔色はおかしくないか、とチェックする必要があります。ミュージシャンが気持ち良く演奏できてこそ、コンサートの成功があるわけですからね。

　なお、今のモニター・コンソールは基本的にフェーダーが付いていますから、フェーダーが一直線になるように各入力のトリムを決めておきます（図⑤）。こうしておけば、例えばキーボードが急に音量が下がった場合や、ベースの持ち替えで音量が下がったといった場合に、トリムだけで調整が可能になるのです。モニターしているミュージシャンは全員が全員そのままの音量が欲しいわけですから、頭だけで調整できるのは便利な方法です。また、筆者の場合はハウスをオペレートしているイメージで、自分用の2ミックスを作成することもよくやります。これは"他人向けのミックス"だけを聞いていてもつまらないということもあるのですが、モノだけで行うモニターでは見過ごしがちなトラブルを素早く見つける、という実用的な理由もあるのです。例えばラインものがLRで来ていて、バランスがいきなり変わったりすれば、LRどちらかのケーブルが抜けかかっているのが分かるわけです。これをもしモノで出していたら、「音量が下がっただ

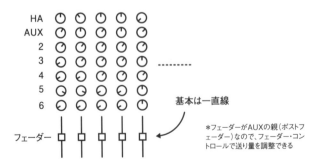

▲図⑤　モニター・コンソールのレベル決め

けかな？」と思ってしまう可能性があるのです。

③モニターにはさまざまな方法がある

　以上、筆者の例を挙げながらモニター・エンジニアの仕事を解説してきましたが、実際にはモニターにはさまざまな方法があるものです。かつては強力な師弟関係があってハウスがメイン、サブがモニターということもあったのですが、現在ではモニター・エンジニアという仕事が確立されています。これはつまり、人によっていろいろなやり方がある、ということなんですね。ですから皆さんが現場に立ったときには、自分に合った方法論を見つけてほしいと思います。

　いずれにしても、ハウス・エンジニアやステージ・マンのようにあまり姿を出さず、本番中もステージ袖の中でミュージシャンとコミュニケーションをとりながら仕事をしているのがモニター・エンジニアなのです。まさに、コンサートには欠かすことのできない縁の下の力持ちと言えるでしょう。

03 ▶ PAマンの1日

　ここでは、典型的なPAマンの1日を見てみます。実際には会場の規模や公演の内容によってさまざまなスケジュールがあるのですが、ホールでの単体ミュージシャンの公演という前提で、雰囲気をつかんでもらえたら幸いです。

　さて、"PAマンの1日"と言いながら、実は公演当日を迎える前にも、さまざまな準備が必要です。通常、クライアントさんから仕事の依頼が来るとスケジュールの確保をします。そして会場のロケーション、キャパシティ、内容、他のチーム（照明さんや道具さん、美術さん）との兼ね合い等の確認をしてからプランを考えるわけです。

　ある程度のプランができたら、会場打ち合わせ（ホール打ち合わせ）を行います。その際に、プランができていないとまるで打ち合わせになりません。そしてホール打ち合わせの後に、あらかじめのプランと打ち合わせ後

のプランとを比べて、問題点や変更点をクリアにした最新のプランを立てることになります。その最終プランに基づいて機材、スタッフを決め、やっとトラックに積み込むということになるわけです。

■積み込み

　積み込み日はホール入りの前日が多く、この日までに足りないものやレンタルものはそろえておく必要があります。よほどの理由が無い限り、ホール入りの日に足りないものを調達するのは避けるべきです。なぜなら、発注したものと違うものが届いたり、仕様が違ったりというトラブルはよくあるもので、ホール入り当日では対処のしようがなくなってしまうからです。ですからホール入りの前日の夕方には、すべてがそろって積み込みが終わっているのが理想です。もしこの時点で何か問題があっても、余裕を持って対処できますからね。なお現場でのセッティング時間の短縮のため

◀アンプだけでもこれだけの数が必要になるので、積み込みは慎重に

▶ツアー・ケースは精密機器やスピーカーを収納するもの

に、結線可能なケーブル類は結線しておくのは、P166で解説した通りです。

　積み込みの順番は、大きな機材からということになります。通常はメイン・スピーカーを奥に積んで壁を作っていき、次にアンプ・ラック（キャスター付きで寝かせられないもの）を並べ、その上に4〜8U程度のラックを積み上げていく。そして、いよいよコンソールですね。コンソールの幅があまり無い場合は、トラックの間口方向に横積みでOKです。ただし、ほとんどのコンソールは間口以上あるので、その場合はトラックの壁に付けラッシングで止めることになります。

　そして、倒しても良いコード・ケース、スタンド・ケース、モニター・スピーカーの入ったケース（ケースに入ってない場合も可）を隙間無く詰めていきます。この際、奥からきっちり詰めすぎて、手前がスカスカになってしまう状態は避けるべきです。その場合、先に積み上げた物を下ろして、まんべんなく敷き詰めるようにしましょう。こうしておかないと、荷崩れや隙間によるケースの移動で機材がぶつかりあってしまい、破損の原因にもなってしまいます。

　こうして積み込みが完了したら、いよいよ当日ということになります。

■搬入

　ホールの場合、特例以外は午前9時入りが基本です（ホテル、特設会場、パビリオン等は時間が不定）。そして、最低でも10分前には搬入口に集合するのが常識となっています。というのも実際に搬入が始まるまでの間に、

◀卓を搬入する様子。このほかに搬入に限らずPAはチームワークが不可欠になる

各セクション(音響、照明、道具など)の搬入順や段取り等の打ち合わせを行っておく必要があるからです。

　通常であれば搬入の順番は、①道具(美術)　②照明　③音響　④映像　⑤楽器　⑥その他　といった感じでしょうか。もちろんこの順番が絶対ということは無く、舞台作業の都合でこうなることが多い、ということです。PAマン(特にチーフ)はこの間先に会場に行き、ホールのスタッフと電源の場所、マルチの引き回し方法、コンソールや周辺機器をセットするためのテーブルの場所、禁止事項などを最終確認しておきます。そうすれば待ち時間を無駄なく使えますし、セッティング時に思わぬトラブルが生じることも防げるわけです。

■振り分け
　搬入した機材を、他のセクションの邪魔にならず、かつセッティングしやすいところに割り振る作業が"振り分け"です。通常のコンサートの場合は、搬入/搬出はアルバイトさんが手伝ってくれますが、彼らはPA専属ではなく各セクションの共有となっています。逆の言い方をすれば、バイトさんたちは機材の詳しい知識までは持っていません。なので、搬入の時点である程度の説明を加えて、振り分けも同時進行で行うと後作業がやりやすいですね。

▲フライングのセッティング

◀フライングされたスピーカーのチェック

■スピーカーのセッティング

　振り分けまで済んだら、スピーカー周り、メイン・コンソール周りというように、各セクションごとの作業に取りかかります。ステージ・マンであれば、まずはスピーカーのセッティングから始めるのが普通ですね。スタッキングであれフライングであれ、ステージのカミテ／シモテに振り分けたスピーカーを、プラン通りに積んでいきます（詳しくはP171）。このとき、防火シャッターや緞帳ラインには気を付けましょう。また、一番端の席からのステージ見切れを気にするほか、客席前方真ん中の中抜けや2階席、3階席の振りを考える必要もあります。そしてスタックの場合であれば、振りが決定していなくても、早い段階でラッシング・ベルトで固定しておくことが大切ですね。

■メイン／モニター・コンソール周りのセッティング

　スピーカーのセッティングと同時作業で、メイン・エンジニアはメイン・コンソール周りのセッティングを行います。コンソールや周辺機器を置く場所も、いろいろなシーンを想定して、使いやすく、機能的にセッティングしましょう。モニター・エンジニアも同様に、ステージ袖中にモニター用のコンソール、周辺機器、モニター・スピーカー等を機能的にセッティングします。

◀メイン・コンソールの調整

▲モニター・スピーカーのセッティング

■ステージ周りのセッティング

　振り分けが終了してスピーカーのセッティングも終わったら、ステージ・マンはマルチケーブルをはわせます。回線数は、ステージ上のマイク回線に準じて増えていきます。これが終わると、モニター・スピーカーの振り分けです。演奏者の立ち位置が決まっていると、ある程度の置き場所が確保できます。もちろん、楽器のセットが組まれるまではセッティングの邪魔にならないように心がけましょう。そして、マイクをセット。これもモニター・スピーカー同様に楽器セット前ではセッティングの邪魔になるので、仕込み図で確認して必要な分だけをステージ前にあらかじめ立てておきます。理想を言えば楽器がセットされた後にマイク・セットもできれば良いのですが、回線のチェックをしておきたいので、ある程度の場所に置き回線をつないで先にチェックを行うというわけです。そして、楽器とミュージシャンが来るのを待ちます。

■チューニング

　既に述べたように、チューニングはスピーカーの音質調整のことです。これは、メイン・スピーカーでも(P187)、モニター・スピーカーでも(P189)同じことですね。たとえいつも使っているスピーカー・システムでも、会場や気温によってかなり左右されるので、その都度調整を行います。いわば、自分の音作りのためにフラットな状態を作るのです。このチューニングを怠ると自分のサウンドを100%出すことが難しくなります。楽器のチューニングと同じ意味合いを持つと考えてください。それくらい重要ということです。

■サウンド・チェック

　楽器やボーカル、コーラス等、それぞれのチェックです。例えばドラムであれば、キック、スネア、ハイハットと、マイクが拾うすべてのパーツで1個1個音を出してもらい、音量や音質をチェックします。そして、ドラム全体で鳴らした際にも、もう一度チェックする。もちろん楽器だけでなく、ボーカルやコーラスなどの生の声も1人1人チェックしていきます。

この際、会場のチェックは当然のことですが、モニター・スピーカーのバランスもある程度決めておきます。

■リハーサル

各楽器のチェックが終了したら、今度はバンド全体で演奏をしてもらい、アンサンブルを確認／調整します。必要があれば演奏を途中で止めてもらい、突っ込んだ調整をすることもあるでしょう。この時点で、メイン・エンジニアは客席全体に均質な2ミックスを届けられるように、さまざまなテクニックを駆使するわけです。また、モニター・エンジニアはモニターのバランスを決めていきます。

なおリハと本番の間は、本来はリラックスしないといけない時間なのですが、どうしてもスケジュールが押してしまい、いろいろな直しを行うことになってしまうものです。取材があるなどのミュージシャンの都合で、粗チューニングのままリハーサルに突入してしまい、リハ終わりで直す。あるいは、表向きには出せないちょっとしたNGを、リハではオフにしておいてこの時間に直す、などなど。やはりコンサートは生き物ですから、さまざまなトラブルがあるわけです。もちろん直しの時間は取ってあるのですが、それでもぎりぎりで本番に突入なんてこともしばしばと言えます。最初は焦ってしまうでしょうが、あわてず騒がず、冷静に対処したいものです。

■本番

さあ、いよいよ本番です。本番では、リハーサルで決めた段取り通り行っていきます。ただし、本番とリハでは条件が違う点があります。そうです、リハは客席にお客さんが居ない状態で行いますが、本番は客席にお客さんが居るのです。これにより会場の音響特性が相当変化しますから、注意しましょう。もちろん、ベテランであればその変化を想定してリハでも音作りをできますが、初めての会場であればそういった想定が必ずしも当たるとは限りませんし、経験の浅いオペレーターであればなおさらです。

具体的な変化としては、観客が入ることで会場の吸音性が上がり、リ

ハではライブだったものがデッドになる傾向がまずあります。それと同時に低音成分も吸収されてしまうので、本番では低音がスカスカになってしまいます。ですから、本番の1曲目では激しい補正を行うこともあります。一番簡単なのはグラフィック・イコライザーでカットした部分を戻すことですが、場合によってはチャンネル・ディバイダーでローをブーストしたりと、荒療治が必要な場合もあるでしょう。

　こういった調整が無事に済めば、本番ではメイン・オペレーターはすることが無いくらいの方が、正しい姿と言えるかもしれません。バンドがきちんと演奏をし、それがバランス良く観客に届いていれば、何も手を加えることは無いわけですからね。ただし、バンドでディレイ等のきっかけものが多い場合は、タイミングを外さないように注意が必要です。そういった意味では、ミュージカルなどの本番はきっかけだらけなので、コンサートとは違った緊張感があります。メイン・エンジニア、サンプラー係、ワイヤレス係の3人で並んでオペレートするのですが、ワイヤレスはセリフでは突かないといけないし、役者が引っ込んだら下げないといけない。曲のきっかけやSEも多い、ということで気が抜けません。

　また本番中は、ステージ・マンはステージやパワー・アンプを常に監視し、トラブルにすぐに対処できるようにしています（P190）。そしてモニター・エンジニアも同様に、各ミュージシャンのモニター状況を確認しながら、ミュージシャンのオーダーを見のがさないようにステージを注視しているのは、既に述べた通りです（P191）。

▲図⑥　観客が入ることで会場の吸音性が上がり会場の音がデッドになることも

PART 4　現場で役立つ知識 | 203

■終演／バラシ／撤収

　公演が無事に終われば、感動の時を過ごし余韻に浸りたいところです。しかし、ホールは退館時間が決まっているので、うかうかしてはいられません。中には、時間超過をした場合に莫大な追加金が必要なところもありますからね。なので、効率良くバラシをして撤収（トラックに積み込む）します。

　トラックに積み込んで「さーお疲れさま！」と言いたいところですが、積み込んだ機材を倉庫に下ろさなければなりません。通常は、倉庫に機材を下ろして完全終了となるのです（ツアーや続きものの場合はそのまま）。

　以上がPAマンの長い長い1日です。

APPENDIX
ＰＡ用語集

アウトボード

メイン・スピーカーを調整するための機材が入っているラックのこと。通常、グラフィック・イコライザー、パラメトリック・イコライザー、スピーカー・マネージメント・システムなどが一式入っている。"ドライブ・ラック"とか"アウト・ラック"とも呼ぶ。モニターの場合は"モニターのアウトボード""モニター・アウト・ラック"などと呼ばれ、グラフィック・イコライザーが4台程度入っているのが普通。

アタック

人が登場してくるときのアテンションのこと。出ばやし。放送で言うところの"ジングル"。ファンファーレも"アタック"の一種と言える。たいていはコンサート制作の人間から指定があるが、出演者から「これかけて」とCD等を渡される場合もある。CDプレーヤーなどでの再生が主流だが、ハード・ディスク・レコーダーを使用する場合も。

アタマ

コンソールのマイク・プリアンプをヘッド・アンプと呼ぶことから、日本では"アタマ"と省略することが多い。ヘッド・アンプで適正なゲインを得ることを、「アタマを取る」などと言う。また、音量が小さいときには「アタマを上げて」と言ったりする。

位相

音波や電気の、波形のサイクルが一致することを「位相がそろう」と言う。電気的に言えば、メインとモニターのスピーカーが逆相だと、オモテがでかくなればなるほどモニターが聞こえにくくなるなど、弊害が多い。一方、サブウーファーとローを逆相にするとつながりが良い場合もある。音波も同様で、マルチマイクでの集音ではかぶりの問題から位相が乱れ、音がもやけることがある。このようなときは、マイクの位置を修正する必要がある。また、イコライザーの多用は位相の乱れにつながるので、注意が必要。

インイヤー・モニター

耳の中に入れるタイプのモニター・システムのこと。略して"イヤ

モニ"。ワイヤレスのものは"ワイヤレス・インイヤー・モニター"
と呼ばれる。イヤモニを使用することで、ステージ上のモニター・
スピーカーから出てくる音が少なくなるので、オモテへの影響も少
なくなる。また、ステレオでのクリアなモニターが可能なので、一
般的に演奏はやりやすくなる。さらにワイヤレスの場合であれば、
好きなところを動き回ってもモニター音が変わらないというメリッ
トがある。しかし、ミュージシャンの耳に入れることから取り扱い
には細心の注意が必要で(ハウリングは御法度)、専属オペレーター
が必要になる。また、歓声が聞こえないのでノイズ・マイクが必要
になるなど、システム的には大がかりになる。

インカム

Inter Communication Systemの略。PA席とモニター席、PA席とステー
ジの間の"内線"のこと。緊急時の連絡や、舞台監督からの指示を
伝えるのに使用される。ただし端末はヘッドフォン・タイプなので、
オペレーターがインカムをずっと装着しているわけにはいかず、イ
ンカム専用の人間がいたり、コール・ライトが付いていたりする。
連絡用では最近はトランシーバーも使われるが、インカムは会場内
がどんなに爆音でも同時に会話ができるのが良いところ。

イントレ

工事現場の足場で、PAでは1.8m四方のA2イントレを使用する。正
式には、ローリング・タワーのローリング(キャスター)が無いもの。
スピーカーや照明のピンを乗せる。映画『イントレランス』で使用
されたセットから来ている。

オモテ

メイン・スピーカーのこと。メイン・スピーカーの出音を"オモテ
の音"などと言う。その反対に、ステージ上の音は"ウラ"ではなく、
"ナカ""モニター"と呼ぶ。

オンマイク

音源に近いマイクのセッティングのこと。1音源に対して1個のマ
イクを置く場合は、ほぼオンマイクとなる。反対にオフマイクは、

音源から離れて集音する場合や、何個かの音をまとめて1個のマイクで集音する場合のセッティングを指す。例えば4人の弦がいて、マイクを1個ずつ使えばオンマイク。4人まとめて1個のマイクで取ればオフマイクである。

介錯（かいしゃく）

ケーブルがこんがらがらないようにすること。主にステージ・マンの仕事。本番中に歌手がマイクを持ってステージを動くような場合、ケーブルが引っかからないように送り出してあげたり、向こうからこっちに来るときに余るのを引っ張ったりする。また仕込みでは、1人でケーブルをはわせているスタッフがいた場合など、別のスタッフに「介錯してやれよ」と言ったりもする。この場合は、"手伝う"というニュアンスで使っている。

かぶり

必要以外の音がマイクに入ってくること。例えば、ボーカル・マイクにドラムやギター・アンプの音が入ってくる場合、「かぶりがある」と称する。マルチマイクでは絶対に起きる現象だが、マイクの位置などを調整してなるべくかぶりは少なくする。かぶりが多いと位相が乱れ、良い音でのPAは望めないからだ。

かまち

舞台の前の端。汚れが一番目立つ場所な上、かまちの部分だけ後で木を張ってある場合が多いので、破損を避けるためにもスピーカーなどの重たいものは乗せないようにする。「かまちには足をかけないでね」とか「かまちには打たないで」というのは、現場でよく耳にする言葉。

カミテ

舞台に向かって右側のこと。英語ではStage Left。日本語と英語では、方向を決める立場が逆になっているので注意。出はけは、基本的に出演者がカミテで司会者がシモテなので、上座／下座と関係があると思われる。最近はそんなにやかましくないが、司会者がカミテにいることはやはり少ない。

規定

ユニティ・ゲイン、基準になる値。「規定で送る」といった場合は、ユニティ・ゲインで送ること。「規定の位置」というのも同様で、つまみの位置がユニティまたは０位置のこと。つまみによっては三角のマークが付いていたり、"０"と書いてあったりする。

キャパ

収容人数のこと。キャパシティの略。ホールの大きさを示す言葉だが、面積ではなくやはり人数が基準になるのが興行ならでは。

コヤ

ホールやライブ・ハウスのこと。芝居小屋から来ている言葉だと思われるが、ホールの人に対して使うと嫌がられる場合も多いので注意が必要。仲間内では、ホール打ち合わせ表を"コヤ打ち表"と略す場合もあるが、先方に対しては"ホール打ち合わせ表"と言うべき。

コロガシ

モニター・スピーカーのこと。ステージ上に転がしてあるので、こう呼ばれる。フォールドバック・モニター、FBと同じ。ただし、"サイドフィル"はコロガシとは言わない。また、"フット"はボーカル用のものを指す。

サイド・フィル

サイド・モニターのこと。"横当て"とも称する。なお、"フィル"という場合はスタンド型ではなく、ボックス型のスピーカーを指すことが多い（例：ドラム・フィル、センター・フィル）。一方、スタンドに立てると"サイド・スピーカー"となる。

サービス・エリア

音が届く範囲。PA側からすると、サービスする範囲。お金を払ってくれたお客さんがいる場所は、サービス・エリアになる。例えば、売店のおじさんに「何を歌っているか分からないよ」と言われたとしても、そこはサービス・エリアではないので問題無い。「サービス・

エリアを確保する」という使い方をする。

サブロー

1ボックスのスピーカーにプラスする、低音域を受け持つスピーカーのこと（Sub Low）。3ウェイとか4ウェイでもある程度低域は出ていてバランスは良いのだが、なおかつその下が欲しいときに足す。スーパーウーファー、サブウーファーとも。基本的に80Hz以下を受け持つ。サブと言いながらも、実際には一番重要だったりして、「サブロー重視」などと言う場合も多い。なお、スピーカーの構成を分数で称する場合、その分母がサブローの数。

シモテ

ステージに向かって左側で、"カミテ"の反対側。

純パラ

"単純にパラう"こと。かなり音が変わるし、レベルも落ちてしまう。分岐する数が多い場合などは、スプリッターを使用する。

シーン・メモリー

コンソールの機能で、オン／オフやつまみの位置、フェーダーの位置、などをメモリーしておけるもの。一番簡単なのがミュートのシーンで、使うチャンネルと使わないチャンネルを記憶しておけば、複数のバンドが出る場合などは便利。アナログ・コンソールにも備えられているが、デジタルの方がメモリーできる要素は多い。また、最近はスピーカー・マネージメント・システムなどでもこの機能を有しているモデルが多くなっている。

スタッキング

スピーカーのセッティング方法で、各スピーカーを積み上げること。床から積み上げることを特に"グランド・スタッキング"と呼ぶ。一方、天井などからスピーカーを吊ることを"フライング"と言う。

ステージ・マン

ステージのケアをする人間で、3番手とも呼ばれる。ハウスのオペ

レーターがチーフ、サブがモニター、3番目の人がステージ・マンというのが一般的なPAのチーム。PA会社に入ったらまず最初にやらされる仕事で、PAの登竜門と言える。しかし、最近はモニターしかやらないエンジニアもいるので、3番手と呼ぶのはそぐわない面も出てきている。

スピーカー・システム

スピーカー・ユニットを1個から複数個をエンクロージャー（スピーカー・ボックス）に収納したものをスピーカー・システムと呼ぶ。

スプリッター

ステージ上のマイクの信号は、通常であればハウスとモニターに2分岐される。この場合であれば"純パラ"でも問題無いが、放送局やレコーディング屋さんが入るときなどはスプリッターを使用して、インピーダンスや音質に変化が生じないように音声を分岐する必要がある。スプリッターを使用していれば、例えば録音を終了したレコーディング屋さんがいきなりケーブルを抜いたりしても、全く影響が出ないというメリットも。また、ファンタム電源を供給できるので、マイクに近い位置でファンタムを供給できるのもうれしい（音質的に有利）。

袖幕

舞台中が見えないようにする幕。ほとんどの場合、色は黒。手前から奥に1ソデ、2ソデ、3ソデと、何枚かあることが多い。出演者やスタッフがスタンバイできる場所でもある。また、舞台の間口を狭める際にも活用できる。

外オペ

外から来るノリコミのオペレーター。"コヤ付き"の反対。またフェスティバルなどでは、バンド付きのオペレーターのこと。

卓

コンソールのこと。ミキサー、ボードとも呼ぶ。あんなに大きいのに、なぜか"枚"で数える。

立ち上げ

マイク・ケーブルの短いもの。端子はXLRで、長さは2〜3mくらい。マルチボックスからコンソールに信号を立ち上げる際に使うことから、こう呼ぶ。パッチ・ケーブルとも言う。

定位

音の位置、場所。PAの場合はスピーカーを多数使うので、モノでも使う言葉。例えばプロセ（プロセニアム・スピーカー＝舞台正面上方のスピーカー）とグランド・スタックの間で、プロセが高いと上からボーカルが聞こえる（＝定位している）。そういった場合は、ハース効果を利用してステージの真ん中に定位させる。また、通常のステレオ定位やLCR、さらには5.1chでの定位もある。なのでまとめて、"音の聞こえる場所"と考えれば良い。

デッド

残響が少ないこと。反対は"ライブ"。ポピュラー系はデッドな方がPAはしやすい。一方、クラシック系のホールなどは響きがある方が、PAを使わない生音でいける。

出はけ

ステージへの出たり入ったり、のこと。シモテから出てカミテへはけるのを"シモ出カミはけ"と言い、同様に"カミ出カミはけ"などもある。ボーカリストが歌いながらはける場合など、はける方向からケーブルを引っ張っておかないと、ケーブルがツンツンになってしまう。なので、出はけを確認してから仕込むのはPAマンとしては大切なこと。

トラス

道具やスピーカー、照明を吊るアルミ製の柱。30〜45cm角程度。天井からラインアレイを吊る場合などにも使用する。

トランポ

トランスポーテーション、運搬の略。"トランポ屋さん"と言えば、

トラックでの運送業者さん。

トランス

電源トランスのこと。電圧の変換を行う。例えば100Vを110Vにしたりする。"スライダック"は可変電圧調整器で、スライドできるトランスのこと。0〜130V程度を必要に応じて取り出せる。

中抜け

ステージ間口が広いときに、メイン・スピーカーだけで音を出すと前のお客さんが聞こえない。これを中抜けと呼ぶ。中抜け用のスピーカーを真ん中にセットする場合、"センター・フィル"と呼ばれる。真ん中にスピーカーを置けないときは、内振りにスピーカーを用意するなどの対策を施してサービス・エリアを確保する。

ネットワーク（エレクトロニック・ネットワーク・システム）

マルチウェイ・スピーカー・システムの各スピーカー・ユニットの音が同じ帯域を再生しないように周波数帯域を分割する電気回路のことをネットワークと呼ぶ。
①パッシブ型ネットワーク：パワー・アンプとスピーカー・ユニットの間に接続して使用するネットワーク。
②アクティブ型ネットワーク：ミキサー・アウト（アウトボード・アウト）とパワー・アンプの間に接続して使用するネットワーク。チャンネル・ディバイダーと同義。

ノリコミ

ノリコミ・オペレーターのこと。"外オペ"と同義。あるいは、ツアーなどで現地に着くこともノリコミと称する。この場合、公演前日に着けば"前ノリ"。

ハウス

PA席のこと。"Front of House"の略で、メインのコンソールのあるところ。

ハウス返し

モニター・コンソールを使用しない場合の、モニターの返し方。メイン・コンソールからモニター送りをする。小さいライブ・ハウスなどの回線が少ない場合では、通常この方法が用いられる。メインをしながらモニターも見るため、結構たいへん。

バラシ

いったん組んだステージを片づけること。ドームなどの大きな会場では、本番前に"バラシ打ち合わせ（バラ打ち）"がある。なぜなら、各セクションがいっせいにバラシを始めると危ないからだ。PAのスピーカーはシモテに固めて、照明さんはカミテ、楽器は後ろなどと決める。この際、トランポに積む順番も決める。

パラう

"パラる"とも言うが、パラレル（並列接続）にすること。スピーカーやマイクをパラうのは、よくあること。例えば、フットなどは回線が1つなのにスピーカーは2つ。これはパラってあるわけで、"2パラ"の状態。シリーズ接続を"シリる"とは言わないので要注意。

パルス

破裂するような音。ピーク・レベルの高い音。歪みの問題があるので、こういう音には気を付ける必要がある。

パン

パンポット（Panoramatic Potential Meter）の略。コンソールに備えられているつまみで、どこに音を定位させるかを決定する。

ピンク・ノイズ

オクターブごとのエネルギーが等しい信号。全帯域にわたって一定なのがホワイト・ノイズで、この信号に-3dB/Oct.のフィルターをかけるとピンク・ノイズになる。ピンク・ノイズは人間の聴感に近いため、フラットになるように機器を調整する際に使用する。コンソールで発生できる。聞こえ方はピンク・ノイズが「サー」、ホワイト・

ノイズが「シャー」。

フット

フット・モニターのことで、ボーカリスト用のもの。ステージのマエッツラに置く。ギタリストの足下に置くモニターは、ギターのコロガシとかギター・モニターと呼んで区別している。

フライング

吊りスピーカーのこと。遠くに音を届ける際に有利なほか、見切れが少ないので客席を無駄にしないで済む。スピーカーを積む場合は"スタッキング"と呼ぶ。

振り

スピーカーの角度のこと。サービス・エリアを確保するために、内振り、外振り、上振り、下振りを調整する。

マエッツラ

ステージの前の方のこと。「マエッツラで歌う」というように使う。

間口

ステージの幅。「間口は十間」というように、舞台は全部尺貫法で表現される。

マルチケーブル

マイク・ケーブルが束ねられたもの。8ch、16ch、24ch、32chという感じで、基本的に8の倍数。PAでは16chと32chが主流。

マルチボックス

マルチケーブルの先端に付けるもので、音の出入り口。マルチの回線分のXLRのオス／メス端子が付いている。

見切れ

ステージの中が見えてしまうことを、「見切れちゃう」と言う。これを防ぐために、袖幕を使用する。また、スピーカー等でステージが

見えない場合も「見切れの部分がある」と言う。"見切れライン"は、舞台がちゃんと見えるぎりぎりの境界線のこと。

モニモニ

モニター・エンジニアが聞くためのモニター・スピーカー。ステージ上の各場所のモニター・スピーカーの音 (バランスや音色) を、モニター・コンソール前で聞けるので便利。袖でスピーカーが鳴っていても大きな問題はないので、使用可能となっている。ハウス返しでは、リハ時に使用することもある(本番では使用しない)。

養生

ケーブルやスピーカーをカバーすること。客席にケーブルがむき出しだとお客さんが足をひっかけたりして危険なので、養生することになる。具体的には、パンチを敷いてガムテープで止める。また、雨対策も養生と呼ばれ、スピーカーにブルーシートをかぶせたりする。

ライブ

"デッド"の反対。響きが多いこと。

ラッシング・ベルト

鉄骨屋さんなどが鋼材を運ぶ際に使用するベルトで、ホームセンター等で入手可能。PAではスピーカーのスタッキングで使用する。スピーカーを何個かまとめて固定することで、崩れを防ぐ。これをしないとホールではスタックできない。

レイテンシー

デジタル回路の内部処理時間に要する時間の遅れのこと。機器単体では2〜3ms (34cm〜68cm) のレイテンシーでも数台接続すると音響制作現場では生演奏と同期が取れないという現象も生じてくる。

BG

BGMの略。CDプレーヤーなどで再生する。既存の曲をかけると著作権使用料がかかるので、オペレーターが勝手にかけることは慎みたい。必ず主催者に確認すること。

DI

Direct Injection Boxの略。"ダイレクト・ボックス"とも言う。ラインものをインプットする機械で、インピーダンス変換、アンバランス→バランス変換をすることで、引き回し時にノイズの混入を減少させる。

DJ

Disc Jockeyの略で、もともとはラジオのパーソナリティを指す。それがクラブ等での"皿回し"役に転じ、最近ではオンステージでターンテーブルやCDJを操るミュージシャンのことになっている。

FB

Fold Backのことで、モニター・スピーカーや、モニターを返すことを指す。

FOH

Front of House、PA席のこと。海外のオペレーターはよくこの略号を使用する。略してハウスとも。

MC

Master of Celemonyの略で、もともとは司会者や進行役のことを指す。しかし、現在では曲と曲の間に話すことをMCと呼ぶことが多い。リハーサルなどで「MCは3曲目と5曲目にあります」などと言われる。

SE

Sound Effectの略で、効果音。コンサートでも、登場SEなどがある場合もある。CDプレーヤー等で再生するのが普通だが、きっかけがシビアな場合はサンプラー等を使用する。最近は出ばやし的な意味でも使われており、ライブ・ハウスなどでは「このバンドはSEあります」等と言われる。効果音のことかと思ったら登場用の音楽のことで、とまどった覚えがある。

● おわりに

　もう、初版から14年も経ったんですね〜というのが感想です。今回リットーミュージックさんから三訂版のお話をいただいたときは、そんなに月日が経っていたのを感じず、もともとは専門学校の講師をしていて授業の教科書になる本になったら良いなと思いお引き受けしたことを懐かしく思います。

　前回の改定版のお打ち合わせを行った時点では、世の中のアナログ世代からデジタル世代の変化に伴い大幅に変更しなくてはと思い作業を進めていましたが、やはり『PA入門』ということを生かして、基本はアナログ機器で、その流れをデジタル機器に置き換えた便利な部分や操作性、運用の便利さを説明することに重点を置き追加、修正しました。

　今回の三訂版も前回同様、業界でもベテランで大先輩でもあり講師の先輩でもある小瀬さんに基礎知識編の執筆をお願いして、後半の応用編を主に書かせていただきました。当初の予定通り、授業の教科書として使えるのはもちろんのこと、PAに興味を持ち、この業界に入ろうとしている多くの若い人たちの手助けができる作品だと自負しています。

　なお、"入門"とタイトルにありますが、これは決して初心者の方にしか役に立たないという意味ではありません。今回も原稿を書くにあたって、いろいろ勉強にもなりましたし、忘れかけていたことを思い出す結果にもなりました。マンネリ化した作業の中で、手を抜いていたりしたこともあらためて教わった気がします。そういう意味も含めて、これからPAを始めようとする人はもちろん、ある程度経験を重ねているベテランの方にもぜひ読んでいただきたい内容です。そして、初心者の方も何年か経ってベテランになったときに、また読み直してみてください。新しい発見があるかもしれません。何事においても、初心忘れるべからずですね。

　最後に、初版、改訂版に引き続き、三訂版に関係する参考意見および資料を提供していただいた方、小瀬さん、そしてハチャメチャな原稿をここまで美しくリライトおよび校正してくださったリットーミュージックの方々に感謝いたします。

須藤　浩

PROFILE

小瀬高夫（こせ　たかお）

16歳でアマチュア"グループ・サウンズ"コンテスト準優勝。19歳でスタジオ・ミュージシャン。電子工学科2年のときレコーディングに目覚め、"マウンテン・フジ・レコード"にてダイレクト・カッティング部門担当をし一発勝負屋根性をたたきこまれる。同時期、EAST & WEST、ライトミュージックコンテスト、POPCON等のPAオペレーター、レコーディング・ミキサーとして大活躍。22歳でアメリカLA郊外のパサディナに渡る。JVCのアメリカ国内FM局放送用や図書館の保存用モダンJazzのレコードの制作ミキサーとして生計を立てながら、"秋吉敏子＆ルー・タバキン・オーケストラ"にミキサーとして参加。この時期、6万人スタジアム・コンサートのオペレートを成功させた。24歳で帰国後、旧友の"カルメン・マキ＆OZ"のPAオペレーター＆レコーディング・ミキサーとして、日本デビュー。日本中を4t車で回る楽しい楽しい音楽生活が始まる。27歳、株式会社ヴァーゴを設立。以後、アイドルから演歌歌手、オペラやクラッシック、そして大好きなハード・ロックにいろいろの企業イベント、フェスティバルのほか、海外コンサートも10数カ国にて担当。そして、現在もまだまだ現役。

須藤　浩（すどう　ひろし）

新潟県出身。高校のときからバンド（ギター）をやり、ゴダイゴのコンサートを見て音響の仕事に憧れ上京。千代田工科芸術専門学校卒業後、専門学校の先輩が所属する（株）TISに入社。デビューは20歳のとき成人式の式典で杏里のモニターを務め、悲惨な状態でたたきのめされるが、15年の経験を積みフリーランスとなる。
仕事内容は在籍中からの各種企業展示会、イベント、式典等の音響プランおよび運営。また、パフォーマンス系の音楽ツアー（海外）に参加（YAS-KAZ、篠崎正嗣氏、クレモンティーヌ、Yae等）。芝居、ミュージカル等の音響を得意とし活動。2003年4月に（有）サウンド・オフィスを設立し、現在に至る。PAのみならず、LOUDNESSやSHOW-YA等のライブ・レコーディング（マルチ）のサポート。レギュラーとしては、業界に足を踏み入れてから携わっているT&Kシンガーズ（コーラス42人全員マイクを使用＋バンド）。
QUEENの完コピをするトリビュート・バンド、GUEENのオペを20年行う。
さらに、2.5次元系の舞台、声優イベントも得意とする。そして東京スクールオブミュージック＆ダンス専門学校の音響講師を20年以上担当。

基礎が身に付くPAの教科書

PA入門［三訂版］

著者‥‥‥‥小瀬高夫、須藤 浩

2019年 9 月25日　第 1 版 1 刷
2025年 5 月25日　第 1 版 4 刷
定価2,090円（本体1,900円＋税10%）
ISBN978-4-8456-3418-7

［発行所］
株式会社リットーミュージック
〒101-0051 東京都千代田区神田神保町一丁目 105番地
https://www.rittor-music.co.jp/

発行人‥‥‥‥‥松本大輔
編集人‥‥‥‥‥橋本修一

［本書の内容に関するお問い合わせ先］
info @ rittor-music.co.jp
本書の内容に関するご質問は、Eメールのみでお受けしております。お送りいただくメールの件名に「PA
入門 三訂版」と記載してお送りください。ご質問の内容によりましては、しばらく時間をいただくこ
とがございます。なお、電話やFAX、郵便でのご質問、本書記載内容の範囲を超えるご質問につきま
してはお答えできませんので、あらかじめご了承ください。

［乱丁・落丁などのお問い合わせ］
service @ rittor-music.co.jp

編集担当‥‥‥‥‥‥北口大介、肥塚晃代
デザイン／DTP‥‥‥折田 烈（餅屋デザイン）
カバー・イラスト‥‥飯田研人
イラスト‥‥‥‥‥‥平岡朋子
図版作成‥‥‥‥‥‥岩永美紀
印刷・製本　‥‥‥‥中央精版印刷株式会社

©2019 Rittor Music, Inc.　©2019 Takao Kose　©2019 Hiroshi Sudo
Printed in Japan

＊本書は2012年に小社より刊行された『PA入門 改訂版』を改訂したものです。

本書の無断複写は著作権法上での例外を除き禁じられています。複写される場合は、そのつど事前に、
（社）出版者著作権管理機構（電話 03-5244-5088、FAX 03-5244-5089、e-mail: info@jcopy.or.jp）の許諾を得てください。

JCOPY ＜（社）出版者著作権管理機構 委託出版物＞